Y V Sanjay Das

Quartzo-Feldpsar-Laterite, Ocorrência, Distribuição e Quantificação

Y V Sanjay Das

Quartzo-Feldpsar-Laterite, Ocorrência, Distribuição e Quantificação

Exploração e desenvolvimento de recursos minerais no distrito de Kamareddy, estado de Telangana, Índia

ScienciaScripts

Imprint
Any brand names and product names mentioned in this book are subject to trademark, brand or patent protection and are trademarks or registered trademarks of their respective holders. The use of brand names, product names, common names, trade names, product descriptions etc. even without a particular marking in this work is in no way to be construed to mean that such names may be regarded as unrestricted in respect of trademark and brand protection legislation and could thus be used by anyone.

Cover image: www.ingimage.com

This book is a translation from the original published under ISBN 978-620-6-77501-0.

Publisher:
Sciencia Scripts
is a trademark of
Dodo Books Indian Ocean Ltd. and OmniScriptum S.R.L publishing group

120 High Road, East Finchley, London, N2 9ED, United Kingdom
Str. Armeneasca 28/1, office 1, Chisinau MD-2012, Republic of Moldova, Europe
Managing Directors: Ieva Konstantinova, Victoria Ursu
info@omniscriptum.com

Printed at: see last page
ISBN: 978-620-8-51186-9

Conteúdo

Prefácio

Os minerais ocupam um lugar proeminente na vida humana desde os tempos antigos. Com base nas informações recolhidas, os minerais de quartzo, feldspato e laterite do distrito de Kamareddy são muito procurados nos mercados nacional e internacional. Entende-se que a procura é elevada em comparação com a produção atual. O trabalho relativo à exploração sistemática e à estimativa dos recursos de quartzo, feldspato e laterite no distrito de Kamareddy tem sido limitado. Por conseguinte, é necessário explorar os minerais de quartzo, feldspato e laterite no distrito de Kamareddy e extraí-los de forma judiciosa.

Tendo em conta os pontos acima referidos, o presente estudo tem por objetivo os minerais de quartzo, feldspato e laterite do distrito de Kamareddy, Estado de Telangana, Índia. O autor procurou estudar a ocorrência de minas de quartzo, feldspato e laterite no distrito de Kamareddy e também compreender a situação no terreno e a viabilidade económica dos minerais de quartzo, feldspato e laterite no distrito de Kamareddy. O autor espera que estes estudos orientem os exploradores interessados na exploração de novos depósitos economicamente viáveis de minerais de quartzo, feldspato e laterite no distrito de Kamareddy, funcionando assim como vias para gerar receitas substanciais para os governos central e estadual.

CAPÍTULO I

INTRODUÇÃO

Kamareddy é um novo distrito no estado de Telangana, esculpido a partir do antigo distrito de Nizamabad em 11-10-2016. As ocorrências minerais registadas no distrito de Kamareddy, de acordo com o GSI (Serviço Geológico da Índia), são o quartzo, o feldspato, a laterite, o minério de ferro, as argilas e o minério de manganês. Embora as ocorrências minerais supramencionadas sejam referidas no distrito de Kamareddy de acordo com o Serviço Geológico da Índia, os minerais economicamente exploráveis são o quartzo, o feldspato e a laterite, como se pode ver nos contratos de arrendamento/minas em funcionamento existentes no distrito de Kamareddy. De acordo com as informações recolhidas junto do diretor-adjunto das minas e da geologia, Kamareddy, existem cerca de 11 minas de quartzo, feldspato e laterite em funcionamento em vários mandals do distrito de Kamareddy. Para além das minas em funcionamento acima referidas, existem numerosos pedidos de arrendamento de pedreiras/locação de minas para minerais de quartzo, feldspato e laterite, o que indica uma enorme procura de minerais de quartzo, feldspato e laterite da região de Kamareddy. Várias organizações, tanto governamentais (TSMDC - Telangana State Mine Development Corporation) como privadas, como a Gimpex-Imerys India Private Limited, a Trimex Industries Private Limited, a Sibelco Asia Private Limited, a Ceramin India Private Limited (uma unidade da RAK Ceramics), etc., têm estado ativamente empenhadas na extração mineira, prospeção, exploração e prospeção de minerais de quartzo, feldspato e laterite na região de Kamareddy.

Existem numerosas minas economicamente viáveis de quartzo, feldspato e laterite no distrito de Kamareddy. Os minerais de quartzo e feldspato são amplamente utilizados nas indústrias da cerâmica e do vidro e, em certa medida, como material de enchimento e extensor em tintas, plásticos e borracha, sendo também utilizados nas indústrias de massa de amassar e de cimento. Sendo ricos em álcalis ($K2O+Na2O$ na ordem dos 13-14%) e com uma percentagem de $Fe2O3$ inferior (menos de 0,10%), os minerais de quartzo e feldspato do distrito de Kamareddy estão a ser extensivamente extraídos, transformados e transportados para diferentes utilizadores finais, tanto no mercado nacional como internacional. Os consumidores nacionais incluem a RAK Ceramics, a Aparna Ceramics, a Johnson & Johnson Company, a H&R Johnson, a Sentini Ceramics e a Segno Ceramics. As indústrias de cimento de Guntur e Nalgonda e arredores adquirem laterite, bem como feldspato de grau B, em blocos (20-100 mm) nas minas do distrito de Kamareddy. O quartzo (grau A e B) é utilizado nas indústrias do vidro, nas indústrias de ligas de ferro e na utilização de granito artificial, também designado por pedra artificial. O quartzo (grau C) é utilizado como massa de compactação. O feldspato (Agrade) é exportado em pedaços e em pó para países como o Vietname, a Indonésia, a China, o Irão, a Coreia do Sul, a Indonésia, o Bangladesh e a Turquia. O quartzo é exportado em pedaços, bem como em pó (principalmente 325 mesh) para a Malásia e alguns dos outros países do Sudeste Asiático. Os principais portos a partir dos quais se efectuam as exportações são Chennai, Krishnapatnam e Kakinada.

O feldspato é utilizado na cerâmica para o fabrico de vidro e de cerâmica, tanto no corpo da peça como no esmalte. É também utilizado em esmaltes para utensílios domésticos, azulejos, louça sanitária de porcelana e outras utilizações menores da cerâmica. Algum feldspato é também um ingrediente em sabões para esfregar, abrasivos, materiais para telhados e dentes falsos. Embora o feldspato potássico e o feldspato sodado sejam as variedades comerciais de feldspato, o feldspato potássico é o feldspato dominante disponível no distrito de Kamareddy. Os feldspatos potássicos contêm sempre alguma soda proveniente da albite incluída. Os feldspatos com elevado teor de potássio, após arrefecimento da fusão, produzem um vidro sólido.

A variedade compacta e ferruginosa da laterite é amplamente utilizada como metal rodoviário e como pedra local para bueiros e edifícios. A laterite, como pedra de construção, tem uma vantagem: é macia quando extraída e pode ser facilmente cortada e preparada em blocos e tijolos que, quando expostos ao ar, se tornam duros. A utilização industrial da laterite é na indústria do cimento. A laterite é utilizada na indústria do cimento como aditivo, para baixar a temperatura de clinkerização e suplementar os teores de alumínio e ferro, necessários no fabrico de cimento. Também é relatado que a laterite é capaz de remover o fósforo de soluções e colunas de percolação de laterite, remover o cádmio, bem como o crómio e o chumbo para concentrações muito baixas.

A exploração mineira é a espinha dorsal de qualquer país em desenvolvimento económico. Uma exploração sustentável e judiciosa dos recursos minerais disponíveis traria grandes benefícios para a nação. É pertinente mencionar aqui que as despesas da Índia com a exploração mineira são de apenas 17 dólares por quilómetro quadrado e este valor é insignificante quando comparado com os 124 dólares da Austrália e os 118 dólares do Canadá. As despesas de exploração do país são quase insignificantes em comparação com as de outras nações, apesar de a Índia se encontrar entre os líderes no que respeita a ser um repositório de minerais. O distrito de Kamareddy, sendo um distrito recentemente desenvolvido, tem um grande potencial para o desenvolvimento baseado em minerais. Como se pode verificar pelos contratos de arrendamento existentes e pelos pedidos de arrendamento de pedreiras e de acordo com a estrutura geológica local disponível, os minerais mais susceptíveis de serem explorados no distrito de Kamareddy são os minerais de quartzo, feldspato e laterite. Os trabalhos relativos à exploração sistemática e à estimativa dos recursos de quartzo, feldspato e laterite na região de Kamareddy foram limitados. Parece haver uma grande mudança no padrão de utilização final destes minerais. O consumo de minerais de quartzo, feldspato e laterite nas indústrias da cerâmica, dos semicondutores, do vidro e do cimento aumentou, devido ao aumento da procura de azulejos, pedra artificial/granito artificial, painéis solares e cimento - tanto nos mercados nacionais como internacionais. A plausibilidade de diversas aplicações da laterite no futuro poderá estar no facto de esta se tornar uma fonte viável de minerais metálicos como o ferro, o alumínio, a cromite e de oligoelementos como o gálio e o vanádio. Embora existam vários indicadores para a localização de minerais de quartzo e feldspato, incluindo guias geobotânicos, os estudos revelam que o indicador mais proeminente é a ocorrência de diques básicos (intrusivos) na vizinhança de todas as minas de quartzo e feldspato viáveis, actuando assim como guias geológicos para a identificação de novas minas de quartzo e feldspato no distrito de Kamareddy. Do mesmo modo, as armadilhas de Deccan, com idades compreendidas entre o Cretáceo Superior e o Eoceno Inferior, funcionam como fontes favoráveis para a identificação de novos depósitos de laterite. Um estudo aprofundado dos factores combinados acima referidos orienta-nos na identificação e exploração de novos depósitos de quartzo, feldspato e laterite no distrito de Kamareddy.

1.1 Panorâmica geral do distrito de Kamareddy

O distrito de Kamareddy está situado na região norte do estado indiano de Telangana. O distrito partilha as suas fronteiras com os distritos de Medak, Nizamabad, Sangareddy, Siddipet e Rajanna Sircilla. O distrito estende-se por uma área de 3.652,00 km2 (1.410,05 milhas quadradas), o que o torna o 15.o maior distrito do Estado de Telangana. Kamareddy faz fronteira com o distrito de Nizamabad a norte, com o distrito de Sircilla e com o distrito de Siddipet a leste e a sudeste, respetivamente. A sul, é limitado pelo distrito de Sangareddy e pelo distrito de Medak e a oeste e sudoeste pelo distrito de Nanded e pelo distrito de Bidar dos Estados de Maharashtra e Karnataka, respetivamente. O distrito de Kamareddy está incluído na SOI Toposheet No's. 56 J/3, J/4, J/7, J/8, J/12 e em 56 F/11, F/15, F/16 e está situado entre as longitudes E 77°35'30"-78°30'00" e as latitudes N 18°02'00"- 18°25'00".

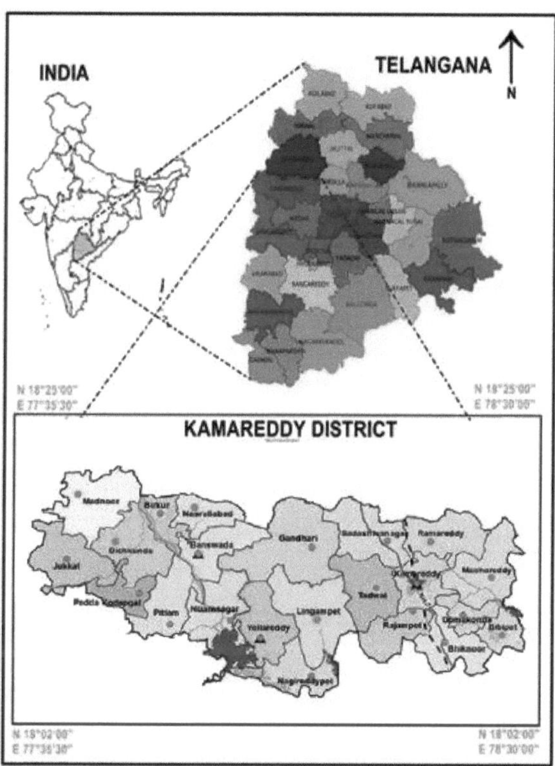

Fig.1.1: Mapa político do distrito de Kamareddy representando os 22 Mandals e os distritos e Estados adjacentes, delimitados pelas longitudes E 77°35'30"-78°30'00" e pelas latitudes N 18°02'00"- 18°25'00" (Datum- WGS-84).

O distrito de Kamareddy, situado no Estado de Telangana, na Índia, com uma população de cerca de 9,7 lakh, é o 15.º distrito mais populoso de Telangana (de acordo com o Censo de 2011), entre os 31 distritos do Estado de Telangana. Existem 22 Mandals no distrito de Kamareddy. Entre eles, Kamareddy é o mandal mais populoso, com uma população de cerca de 1,3 lakh e Pedda kodapgal é o mandal menos populoso, com uma população de cerca de 21 mil habitantes (Ref. Quadro-1.2). De acordo com o Censo da Índia de 2011, o distrito tem uma população de 9.72.625 habitantes. O distrito tem três divisões fiscais: Kamareddy, Banswada e Yellareddy. A taxa de alfabetização é de 56,51%. O distrito é caracterizado por um terreno ondulado com formas de relevo erosivas, como Inselbergs, Tors e Ridges, que se encontram no meio de uma vasta área de pedimento dissecado e pediplano. Os principais rios que drenam o distrito são o Godavari e o seu afluente Manjira. Os nalas importantes são os riachos Phylang e Yedlakatta. O padrão geral de drenagem é sub-dendrítico, embora localmente se observem padrões rectilíneos e em treliça.

Quadro 1.1: Mandals, aldeias e cidades mais populosas do distrito de Kamareddy (Censo de 2011)

Mandalas		Aldeias		Cidades	
Nome	**População**	**Nome**	**População**	**Nome**	**População**
Kamareddy	126,445	Domakonda	13648	Kamareddy	80315
Banswada	68,732	Bichkunda	13213	Banswada	28384
Madnoor	59,002	Pitlam	11789	Yellareddy	14923
Gandhari	51,480	Bhiknoor	11787		
Bichkunda	50,618	Gandhari	10226		
Lingampet	48,122	Lingampet	9860		
Bhiknoor	47,766	Bibipet	9067		
Jukkal	47,239	Madnoor	8841		
Yellareddy	46,253	Ramareddy	8249		
Pitlam	45,255	Tadkole	7494		

__Nota:__ Kamareddy Mandal consiste em Kamareddy (Urbano), Elichpur, Adloor, Isrojiwadi, Gargul, Thimmakkapalle, Gudem, Uggrawai ,Shabdipur, Rameswarpalle, Devanpalle, Lingapur (Rural), Sarampalle, Kyasampalle, Raghavapur, Patharajampet, Chinna Mallareddy, Thimmakkapalle, Lingayapalle, Kothalpalle e Narasannapalle - Aldeias (Hamlets), com uma população total de 1,26,445, enquanto a cidade de Kamareddy tem 80,315 habitantes. Do mesmo modo, Banswada e outros.

Quadro 1.2: Mandals no distrito de Kamareddy

S.N.	**Mandalas**	**População (de acordo com o Censo de 2011)**
1	Kamareddy	126,445
2	Banswada	68,732
3	Madnoor	59,002
4	Gandhari	51,480
5	Bichkunda	50,618
6	Lingampet	48,122
7	Bhiknoor	47,766
8	Jukkal	47,239
9	Yellareddy	46,253
10	Pitlam	45,255
11	Machareddy	44,024
12	Sadasivanagar	41,551
13	Nizamsagar	36,913
14	Ramareddy	35,928
15	Nagareddipet	34,601

16	Tadwai	33,015
17	Domakonda	30,872
18	Rajampet	27,460
19	Nasrullabad	26,839
20	Bibipet	26,067
21	Birkur	23,552
22	Pedda kodapgal	20,891
Total	**Total**	**9,72,625**

Quadro 1.3: Maiores aldeias e cidades do distrito de Kamareddy (em termos de área)			
Aldeias		**Cidades**	
Nome	**Área (Km²)**	**Nome**	**Área (Km²)**
Gandhari	42.3	Kamareddy	14.1
Lingampalle (Khurd)	35.2	Yellareddy	10.7
Pulkal	33.8	Banswada	9
Maddikunta	30.1		
Chedmal	28.6		
Gundaram	28.2		
Pothaipalle	27.6		
Bhiknoor	27.1		
Pothangal (Kalan)	26.9		
Annaram	26.2		

Quadro 1.4: Visão geral do distrito de Kamareddy	
Noções básicas	
País	Índia
Estado	Telangana
N.º de Mandals	22
Dados demográficos	
População	972625
Razão de sexo	1033
Rácio de sexo Criança	941
Taxa de alfabetização	56.51%

1.2 <u>Geologia do distrito de Kamareddy</u>

Uma variedade de tipos de rochas pertencentes ao complexo gnáissico peninsular (Arqueano), rochas xistosas do Supergrupo Dharwar (idade Arqueano-Proterozóica), granitóides e intrusões ácidas e básicas mais jovens (Proterozoico Inferior), armadilhas Deccan (Cretáceo Superior - Eocénico Inferior) e laterite (Pleistocénico) estão expostas no distrito. O Complexo Gnáissico Peninsular, que ocorre como enclaves e resites dentro dos granitóides mais jovens, é visto no distrito, principalmente em torno de Yellareddy e Lingampet. Os gnaisses, que são bandados e escarpados, compreendem tonalite, trondijhemite e granodiorito. As rochas do complexo gnáissico peninsular são intrudidas por tonalite/granodiorite/adamélite de idade arqueana tardia a proterozóica inicial. Estes são mesocráticos, de grão médio a grosseiro, holocristalinos, maciços e, por vezes, foliados. Os granitóides são metaluminosos a

ligeiramente peraluminosos e variam em composição desde o granodiorito, passando pela admelita, até ao granito.
Todas as rochas acima referidas são profusamente intrudidas por granito cinzento rico em potássio, sienogranito e monzogranito de idade proterozóica inferior. O granito cinzento é caracterizado pela predominância de feldspato potássico. O contacto entre os diferentes granitos é gradacional. Os diques básicos, de tendência N-S, ENE- WSW e NW-SE, intrometem-se em todos os tipos de rochas pré-existentes. Estes diques são maciços e de composição maioritariamente dolerítica, com exceção de alguns, que são gabróicos.
Os recifes de quartzo atravessam as unidades rochosas mais antigas e tendem a ENE-WSW, N-S e NW-SE. O seu comprimento varia de alguns metros a vários quilómetros de forma intermitente, com larguras de 2-30 mts. As camadas infra-trappeanas de idade cretácica superior, constituídas por conglomerado, grão e arenito calcário, situadas na base das armadilhas Deccan, estão expostas numa pequena área a nordeste de Mothe. A tendência geral da foliação varia de NW-SE a NNW-SSE com mergulhos íngremes a subverticais. As juntas/fracturas são reconhecidas ao longo das tendências NW-SE, N-S e NE-SW.

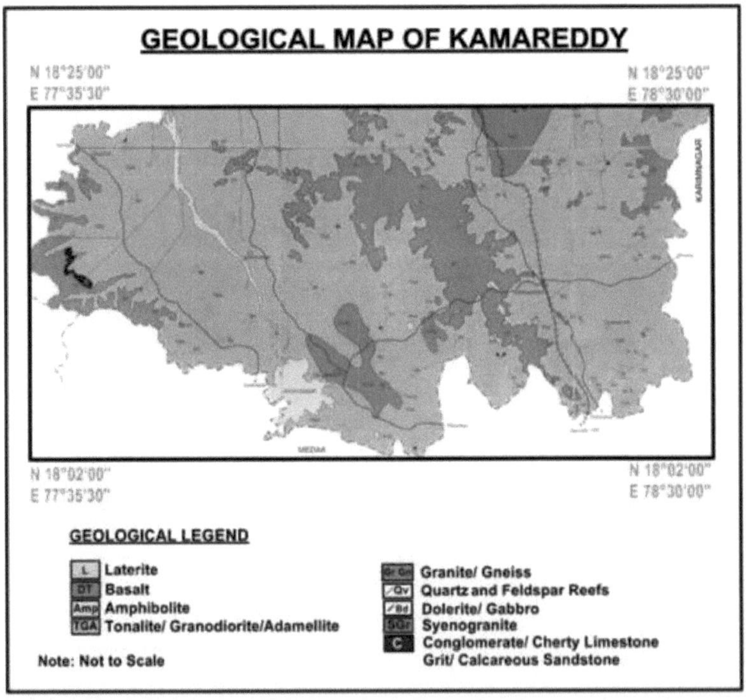

Fig.1.2: Mapa geológico do distrito de Kamareddy representando as principais formações geológicas, falhas, lineamentos e ocorrências minerais.

1.3 Geomorfologia e Geohidrologia

A maior parte do distrito é composta por rochas graníticas, representadas por um complexo pedimentopediplano com Inselbers e colinas residuais, destacando-se proeminentemente, para além das cristas lineares, feitas de doleritos. A parte ocidental e central do distrito é caracterizada pelo planalto, esculpido nas armadilhas do Decão. O distrito é drenado pelos rios Godavari e Manjira e pela sua rede de drenagem. Os projectos Siramsagar e Nizamsagar são as principais massas de água. O distrito compreende predominantemente granitos e gnaisses de rochas de idade Arqueana e tem uma permeabilidade de 0,50-25 m/dia (baixa a moderada) com baixo rendimento específico de 0,005-0,040 m/dia e perspectivas de baixo rendimento (15 Cu.mts/hr). A água subterrânea nestas rochas é controlada por fracturação, ocorrendo apenas ao longo das principais fracturas. O distrito está dividido em duas zonas sismotectónicas I e II.

1.4 Revisão da literatura geológica do distrito de kamareddy

A mais antiga descrição geológica do distrito de kamareddy foi efectuada por Bruce Foote (1876) sobre a geologia de partes de Bellary, Ananthapur, Mahabubnagar e Kurnool, que descreveu no âmbito do sistema Dharwar. Mukherjee (1931), do Serviço Geológico de Hyderabad, referiu as faixas Dharur e Gadwal das rochas de Dharwar. Mukherjee e outros (1936) também registaram a geologia da parte oriental de Raichur, Nalgonda. A área do distrito de Kamareddy faz parte do Estado de Telangana, que por sua vez faz parte da Província Tectónica Pré-Cambriana do Sul (ou) Escudo Peninsular do Sul e os elementos do escudo são descritos no Cratão de Dharwar, que consiste num conjunto de granito de pedra verde com relativa estabilidade, com idades radiométricas relativamente mais antigas, seguido de bacias intra-cratónicas (Cuddapah, Pakhal, Bhima e Godavari Graben com sedimentos de Gondwana) e delimitado pela Eastern Ghats Mobile Belt (EGMB), com granulitos de alto grau e eventos térmicos mais recentes. O cratão de Dharwar está dividido em dois blocos tectónicos com referência à tendência Norte-Sul. O bloco tectónico ocidental (Western Tectonic Block - WTB) cobre as principais áreas de Karnataka com dois ciclos de greenstones e pilhas de geossinclinais e o bloco tectónico oriental (Eastern Tectonic Block - ETB) apresenta cinturas lineares relativamente estreitas de greenstone e granitos diapíricos, sendo a divisão feita em relação ao batólito de Closepet com tendência N-S (Viswanatha e Ramakrishna (1976)). O cratão é parcialmente coberto pelos sedimentos fanerozóicos do Gondwana ao longo do Godavari Rift/Graben NW-SE, que é flanqueado de ambos os lados pelas sequências sedimentares proterozóicas das bacias de Pakhal, Penganga e Sullavai. Uma pequena porção da bacia proterozóica de Bhima estende-se para o Estado de Telangana a partir de Karnataka, a oeste. A cobertura da armadilha de Deccan do Mesozoico tardio da Índia Central e Ocidental tem a sua extensão marginal na parte noroeste do Estado de Telangana. Pequenos afloramentos isolados de rochas do Cretáceo - Terciário e sedimentos do Quaternário estão confinados principalmente às bacias dos rios interiores Krishna, Godavari e seus principais afluentes, numa zona muito estreita que as rodeia.

1.4.1: SUCESSÃO ESTRATIGRÁFICA DAS ROCHAS ARQUEANAS PALEOPROTEROZÓICAS DO DISTRITO DE KAMAREDDY

Quadro 1.5 - Sucessão estatográfica do distrito de Kamareddy

Era	Supergrupo	Grupo	Intrusivo	Litologia
PALEOPROTEROZÓICO A ARQUEANO	GHAT ORIENTAL (1850-1950 Ma) COMPLEXO GNEIS SIC PENINSULAR	MIGMATITE CHARNOCKITE KHOND ALITE GRANULITOS DE KARIMNAGAR (2550 Ma) Peninsular Gneiss -II (2550-2600 Ma)	TINTA MAFIC GRANITOIDES MAIS JOVENS (2500 Ma)	Dolerite, gabro e piroxenite Granito, granito de feldspato alcalino, sienito de quartzo, granito cinzento a rosa e granodiorito Granito Closepet Gnaisses Migmatíticos Granulitos de piroxénio Granulitos de calcário Garnet Sillimanite Gneiss, Quartzite Graphite Gneiss. Migmatitos (gnaisses bandados, gnaisses quartzo-feldspáticos garnetiferos, gnaisses hiperstênicos, granulitos quartzo-feldspáticos)

				Granito Gneiss, Granito e suas variantes com enclaves de Dharwars.
	DHARWAR (2900 Ma)	Ghanpur Y erraballi Peddavuru Gadwal Khammam		Anfibolito, xisto hornblenda, xisto clorito-actinolito, xisto quartzo-sericita/clorito, xisto biotite-clorito, xisto granada-biotite, xisto cianite, quartzito ferruginoso em faixas, metapiroxinito, metagabro, meta-anortosito, serpentina e xisto talco-termolito (rochas metamorfoseadas \?olcanogénicas e sedimentares), complexo de gabro anortosítico de Chimalpahad e outras rochas máficas-ultramáficas.
ARCHAEAN	PENINSULAR COMPLEXO GNEIS SIC	Gneiss-I Peninsular (3000 Ma)		Aplite. Quartzo \^ein, pegmatito granito, granodiorito, tonalito com enclaves de Sargurs.
		METAMORFIAS MAIS ANTIGAS (SARGUROS) (Vistos como enclaves no PGC -1 (3300 Ma)		Xistos/gneisses de granada-biotite, xistos de biotite-estaurolite, xistos/quartzo de cianite-muscovite, anfibolite +_ granada e quartzitos ferruginosos em banda.

A sucessão estratigráfica e uma breve descrição do distrito de Kamareddy são apresentadas a seguir por ordem cronológica. A estratigrafia pré-cambriana é elaborada, tanto no bloco tectónico ocidental (WTB) como no bloco tectónico oriental (ETB), segundo as linhas modernas propostas por Anhaeusser et al., (1969).

A) <u>ARCHAEAN</u>

Smeeth M.F (1916) delineou a história geológica de Mysore, descreveu rochas gnáissicas, em Complexo Gnáissico Peninsular que engloba gnaisse de base, correspondente ao Gnaisse Peninsular-1, formando a base para as rochas da cintura Scist e gnaisse intrusivo mais jovem e granitos correspondentes ao Gnaisse Peninsular -II. Inclui os gnaisses indiferenciados e os granitóides gnáissicos e é considerado mais antigo que as greenstone belts. Os gnaisses são migmatíticos, cinzentos, de grão fino a médio, bandados a estriados. As variantes de composição dos gnaisses da zona de Kukkalarugudem são a tonalite, a trondhjemite e uma pequena proporção de granodiorite. São geralmente pobres em potássio e exibem uma tendência trondhjemítica distinta. Estes gnaisses foram deformados e metamorfoseados juntamente com as pedras verdes associadas.

Em Kamareddy, a parte cratónica incluída no bloco tectónico oriental (ETB) do segmento pré-cambriano é essencialmente um terreno metamórfico de baixo grau, expondo rochas xistosas sob a forma de cinturas estreitas e lineares e tipos variados de granitos e gnaisses que separam as cinturas xistosas. Estas rochas graníticas formam a maior parte das faixas de granito-greenstone no Distrito e são conhecidas pelo termo Complexo Gnáissico Peninsular (PGC). As cinturas de xisto, geralmente referidas como cinturas de rochas verdes (ou) supracrustais, são metamorfoseadas em rochas de fácies greenschist a anfibolite.

B) <u>ARQUEANO A PALEOPROTEROZÓICO</u>

A fronteira arqueana paleo-proterozóica em Kamareddy não está bem definida e o terreno pré-cambriano, que expõe uma variedade de rochas, apresenta uma história geológica complexa. Estas rochas, que ocorrem em diferentes domínios litotectónicos, têm uma sobreposição considerável no tempo e no espaço.

<u>Complexo Gneissico Peninsular (PGC) -II</u>

Os granitóides intrusivos do PGC-II são classificados em dois - um grupo mais antigo, dominado por granodiorito e o granito potássico mais jovem. Os granitóides mais antigos são cinzentos, maciços a fracamente foliados, de grão médio a grosseiro e equigranulares a porfiríticos (ou) megacríticos. São - localmente bem foliados e gnáissicos, devido à deformação e caracterizados pela presença de Enclaves Micro granulares (MME) ricos em máficos e Diques Magmáticos Máficos Sinplutónicos (MMD). A composição varia desde o tonalito, passando pelo granodiorito, até ao adamito (monzogranito). Representam a típica suite calcário-alcalina de granatóides e formam grandes corpos plutónicos sintectónicos, colocados nos gneisses e nas greenstone belts. Estão estreitamente associados aos corpos de hornblendite-hornblende- gabbro-diorite e aos diques e enclaves microgranitóides, que apresentam caraterísticas indicativas de mistura e/ou mistura de magma.

Com base nas caraterísticas estruturais e texturais e nos tipos de enclaves presentes, os granitóides que ocorrem no distrito de Kamreddy são agrupados em três suites viz. Suite Tonalite-Trondhjemite Granodiorite gneiss (TTG), Suite Tonalite-Granodiorite-Monzonite (TGM) e Suite Monzonite - Syenogranite (MS). A Suite TGM é a suite de composição alargada, variando de tonalite numa extremidade a granito na outra extremidade, passando por granodiorito. A Suite TGM é sintectónica e a Suite MS mais jovem é tardia a pós-tectónica em relação à deformação regional. São intrusivos nos greenstone belts, gnaisses e granitóides calcário-alcalinos e ocupam a maior parte do Distrito. São maciços, cinzentos a rosados, de grão médio a grosso e equigranulares a localmente porfiríticos. Os gnaisses, que formam o grupo mais antigo entre as rochas graníticas no PGC-II, ocorrem sob a forma de cinturas lineares, paralelas às cinturas de rochas verdes (ou) ocupam o núcleo de algumas estruturas dominantes dentro das cinturas de rochas verdes. Os cinturões gnáissicos são separados dos cinturões de rochas verdes pelos granitóides intrusivos. Aqui, o segundo grupo, que constitui o conjunto de granitóides calcário-alcalinos, ocupa quase toda a área entre as diferentes faixas de rochas verdes. Alguns dos granitóides domálicos dentro dos greenstone belts, para além dos gnaisses domálicos, também pertencem a este grupo. No norte, os gnaisses e os granitóides calcário-alcalinos ocorrem sob a forma de enclaves e de restos de tamanho de afloramento, incluídos no grupo mais jovem, ou seja, o granito de feldspato alcalino granítico que ocupa grandes extensões. Também aqui, os granitóides alcalinos calcários são predominantes na proximidade de cinturas de rochas verdes menores. Os gnaisses e os granitóides foram classificados com base na sua composição mineral, cor e granulometria.

Diques máficos

O terreno granítico/gneiss-greenstone do Cratão de Dharwar no distrito de Kamareddy é intrudido por enxames de diques máficos. Os diques expostos na parte cratónica estendem-se por longas distâncias nas direcções NW-SE, N-S e ENE-WSW. A dolerite é a variedade mais comum entre os diques máficos, estando localmente presentes o gabro e a piroxenite. Estes diques são de cor cinzenta escura, cinzenta esverdeada escura ou preta. São principalmente tholeiites, caracterizados por serem ricos em sílica e com baixo teor de K_2O, Na_2O e MgO. De acordo com os dados isotópicos disponíveis, a maioria dos diques máficos situa-se no intervalo de idade de 2200 Ma a 1700 Ma. Os diques meso-proterozóicos e mais jovens não estão presentes no distrito de Kamareddy. O mecanismo de colocação destes diques é dilatacional através do preenchimento de fendas frágeis, relacionado com a tectónica extensional periódica que afectou o cratão de Dharwar. Os diques que atravessam o terreno granulítico na parte cratónica têm feldspato plagioclásio turvo, que confere uma cor cinzenta uniforme à rocha. Estes diques são extraídos para obtenção de pedras dimensionais no distrito de Kamaraeddy e tratados como granito negro.

1.5 CONTEXTO GEOLÓGICO DO DISTRITO DE KAMAREDDY

A reconstrução da história evolutiva do distrito de Kamaraeddy, que é composto por bacias sedimentares cratónicas, intracratónicas e controladas pela deriva, formando diferentes províncias tectónicas de idade arqueano-proterozóica, com subsequente cobertura fanerozóica e uma estreita cobertura quarternária, que confina com os rios interiores, está rodeada de numerosos problemas e incertezas. Nesta tese, foi feita uma tentativa de reconstruir o mesmo, com a ajuda dos dados disponíveis.

A era Arqueana (4500-2600 Ma) foi indubitavelmente marcada por elevados gradientes geotérmicos, com uma crosta relativamente fina, talvez de composição máfica, que foi rompida por volta de 3500 Ma, libertando grandes quantidades de granitos tonalito-trondhjemite, pontuados por empalcamentos de vulcões máficos-ultramáficos, por todo o globo, que acabaram por formar os núcleos de protocontinentes referidos como Cratons. O Escudo Peninsular Indiano é um desses continentes, composto por alguns núcleos cratónicos - Dharwar, Bastar, Singhbhum e Aravalli. A crosta continental nestes núcleos era bastante espessa, enquanto nas áreas intermédias era fina e fraca - um fator que foi responsável pelo desenvolvimento posterior de caraterísticas estruturais importantes, como fendas, bacias ensiálicas e cinturas móveis, que se tornaram locais de sedimentação extensiva e de intensa deformação e eventos tectonotérmicos, que moldaram coletivamente a arquitetura crustal do escudo peninsular. A parte do Bloco Tectónico Oriental (ETB) do Cratão de Dharwar é composta predominantemente por gnaisses tonalíticos a granodioríticos, com idades compreendidas entre 3000 e 2600 Ma, geralmente designados por gnaisses peninsulares, que ocupam cerca de 70% da área do distrito de Kamareddy.

Os gnaisses cratónicos encerram algumas cinturas de rochas verdes estreitas e lineares (cinturas de xisto), amplamente separadas, com tendência N-S, constituídas por vulcânicas bimodais, sedimentos quimogénicos e clásticos que se depositaram em bacias lineares delimitadas por falhas. Estas cinturas de xisto com uma impressão metamórfica geral de fácies greenschista têm uma idade de cerca de 2900-2700 Ma. Os gnaisses graníticos circundantes também têm idades aproximadamente comparáveis. Pensa-se que este conjunto do Arqueano tardio se formou num ambiente semelhante ao das actuais margens de placas convergentes e que se acrecentou ao cratão. As cinturas de xistos e os gnaisses cratónicos foram afectados por três eventos de deformação, provavelmente durante 2600-2000 Ma, durante os quais os gnaisses sofreram metamorfismo de fácies anfibolito, acompanhado de migmatização extensiva e magmatismo potássico. Devido aos múltiplos eventos deformacionais e à subsequente erosão, as cinturas de xisto são preservadas em vales sinformais numa vasta extensão de gnaisses graníticos e, em muitos locais, foram completamente engolidas por granitos.

1.5.1: Tabela 1.6 - Receitas minerais por distrito (? Em milhares de dólares) 2016-2017				
N.º de Sl.	**Distrito**	**01-04-2016 às 10-10 2016**	**11-10-2016 a 31-03-2017**	**Total**
1	Adilabad	3397.47	640.95	4038.42
2	Manchiral	-	2969.10	2969.10
3	Nirmal	-	375.11	375.11
4	Komarambheem	-	255.67	255.67
5	Karimnagar	9287.76	9717.04	19004.8
6	Jagithyal	-	987.87	987.87
7	Peddapalli	-	1393.22	1393.22
8	Rajanna-Siricilla	-	1137.77	1137.77
9	Nizamabad	1519.37	1279.29	2798.66

10	**Kamareddy**	-	**614.00**	**614.00**
11	Warangal-Urbano	-	1458.56	1458.56
12	Warangal-Rural	2931.03	489.46	3420.49
13	Jayashankar	-	1225.71	1225.71
14	Janagaon	-	372.87	372.87
15	Mahabubabad	-	1230.52	1230.52
16	Khammam	4117.05	3161.98	7279.03
17	Bhadradri	-	1235.43	1235.43
18	Medak	3511.64	906.56	4418.2
19	Sangareddy	-	2240.71	2240.71
20	Siddipet	-	390.75	390.75
21	Mahabubnagar	2795.96	1196.16	3992.12
22	Wanaparthy	-	337.96	337.96
23	Nagarkurnool	-	1220.26	1220.26
24	Jogulamba-Gadwal	-	313.82	313.82
25	Nalgonda	10917.98	2928.31	13846.29
26	Suryapet	-	6208.20	6208.20
27	Yadadri	-	1614.99	1614.99
28	Vikarabad	-	3678.85	3678.85
29	Medchal	-	1044.24	1044.24
30	Rangareddy	6334.63	2708.10	9042.73
Subtotal		44812.89	54770.22	99583.11
Carvão		-	170180.05	170180.05
Cessação sobre outros		458.93	545.71	1004.64
Total		**45271.82**	**225495.99**	**270767.81**

1.6 AS OCORRÊNCIAS MINERAIS REGISTADAS NO DISTRITO DE KAMAREDDY DE ACORDO COM O GSI SÃO AS SEGUINTES

(1) **Argilas:** Estas são conhecidas das aldeias de Thippapur, Bhiknur, kurprayed e Konasamudram.

(2) **Minério de ferro:** As aldeias de Komarpalli, Warsakunda e Lingapuram são conhecidas pelo seu minério de ferro, maioritariamente associado a quartzitos. Os minérios de ferro lateríticos também são conhecidos em partes de Banswada e Kamareddy Mandals.

(3) **Veios de quartzo e de ametista:** Os veios de quartzo estão localizados perto de Rameswarpalli, Baswapur, Thippapur, Lingampalli, Malthummeda e Vellutla em Bhiknoor, Lingampet, Naggireddipet e Yellareddy Mandals.

(4) **Feldspato:** A ocorrência de minerais de feldspato foi identificada em Rameswarpalli, Baswapur, Thippapur, Lingampalli, Malthummeda e Vellutla em Bhiknoor, Lingampet, Naggireddipet e Yellareddy Mandals.

(5) **Minério de manganês:** A ocorrência de pirolusite foi registada perto de Rajampet e Kondapur no distrito de Kamareddy.

(6) **Minério de laterite:** A ocorrência de laterite ferruginosa e de laterite aluminosa foi registada nas aldeias de Kankal e Errapahad, Tadwai Mandal e na aldeia de Chadmal, Gandhari Mnadal e na aldeia de Peddapally, Bhiknoor Mandal.

Embora, de acordo com o Serviço Geológico da Índia (GSI), as ocorrências minerais acima mencionadas sejam registadas no distrito de Kamareddy, os minerais economicamente exploráveis são o quartzo, o feldspato e a laterite, como se pode ver nos contratos de arrendamento/minas de trabalho existentes no distrito de Kamareddy (Ref. Quadros - 1.7 e 1.8).

Quadro 1.7- Declaração que mostra os elementos dos principais minerais declarados como minerais menores (31 minerais) segundo o G.O.Ms.15 Ind & Comm (M-I), Dept, d: 16.03.2016 pertencente ao O/o Asst.Diretor of Mines & Geology, Kamareddy

Sl. Não.	Nome do titular do contrato de arrendamento	Mineral	Localização			Extensão em Hectos		Data de execução
			Sy.No.	Aldeia	Mandai	Terrenos públicos	Patta.Land	
Quartzo e feldspato								
1	Sri B. Jagan Mohan Reddy	Quartzo e feldspato	271/4,5,6	Rameshwarpally	Bhiknoor		2.300	22-05-2002 a 21-05-2022
2	Sri B. Jagan Mohan Reddy	Quartzo e feldspato	753	Thipapur	Bhiknoor		2.146	01-12-2003 a 30-11-2023
3	M/s. Trimex hid.	Quartzo e feldspato	994	Paddamallareddy	Bhiknoor	3.200		23-07-2003 a 22-07-2023
4	Sri Jangam Boranna	Quartzo e feldspato	188	Lingampally	Lingampet	2.330		10-11-2006 a 09-11-2026
5	Sri G. Chandrashekar	Quartzo e feldspato	38	Maltliunmieda	Nagireddypet	6.680		31-10-2005 a 30-10-2025
6	K. Srinivas	Quartzo e feldspato	835/1	Velluda	Yellareddy			28.06.2017 a 27.06.2037
Laterite								
7	Processo P. Shamal Rani Pro de M/s. S.R Mineral	Laterite	391&392	Kankal	Tadwai	12.148		05-01-2008 a 04-01-2028
8	M/s.Saptliagiri Mines and Minerals Prop. Sri S.Bhasuvaraj	Laterite	642/1	Erraphad	Tadwai	22.700		26-05-2008 a 25-05-2028
9	Srinivasa Mines & Minerals	Laterite	122	Chadmal	Gandhari	14.164		15.12.2016 a 14.12.2036
10	Srinivasa Mines & Minerals	Laterite	122	Chadmal	Gandhari	8.100		15.12.2016 a 14.12.2036
11	Sri S. Rajalaxmi M/s.Gayatri Mines e Minerals	Laterite	157/3	Peddapally	Bhiknoor	4.860		20-11-2003 a 19-11- 2023

Quadro 1.8 - Saldo da cobrança da procura para o ano de 2017-18 (O/o The Assistant Diretor of Mines and Geology, Kamareddy)

S.N.	Nome do mineral	Produção em toneladas métricas (MT)	Despachos (MT)	Pagamentos em atraso (?)	Atual (?)	Total (?)	Pagamentos em atraso (?)	Atual (?)	Total (?)	Aluguer morto/taxa de S. (?)	Avaliação do terreno (?)	Cessação sobre L.A (?)	Interesse (?)	Total (?)
1	Quartzo e feldspato	26450	26450	-75614	-1845100	-1920714	49878	1712669	1762547	-158167	2272	1984	-102348	-256259
2	aterite	49770	49770	854441	-5200803	-4346362	242960	4964211	5207171	860809	5662	6847	-138914	733640
3	Pedra e metal	41550	41550	1111180	-4000793	-2889613	0	5155563	5155563	2265950	37678	34164	-377277	1960515
	Total	**117770**	**117770**	**1890007**	**11046991**	**9156689**	**292838**	**11832443**	**12125281**	**2816337**	**44684**	**42345**	**618539**	**1866662**

1.7 OBJECTIVOS DO PRESENTE ESTUDO

Os objectivos do presente trabalho são:

- Estudar a ocorrência de vários recursos minerais no distrito de Kamareddy;
- Compreender a configuração do campo e a influência dos diques nos depósitos de pegmatitos graníticos portadores de minério (predominantemente depósitos de quartzo e feldspato) do distrito de Kamareddy;
- Compreender a viabilidade económica dos diferentes recursos minerais do distrito de Kamareddy;
- Estudar em pormenor os depósitos de quartzo e feldspato da região de Bhiknoor, no distrito de Kamareddy, e compreender o seu potencial de mercado.

1.8 METODOLOGIA

Os vários métodos e técnicas adoptados em diferentes fases do presente trabalho são resumidos a seguir:

1.8.1 ESTUDO NO TERRENO

Como se pode ver nos quadros anteriores (Quadro 1.9 e Quadro 1.10), a maior parte dos depósitos minerais económicos de quartzo, feldspato e laterite estão localizados em Bhiknoor, Lingampet, Yellareddy, Nagireddipet, Kankal, Errapahad, Chadmal e Peddapally. Foi efectuado um trabalho de campo exaustivo durante cerca de 3 meses, para a cartografia pormenorizada dos depósitos de quartzo, feldspato e laterite, nas áreas acima referidas e nas suas imediações. Juntamente com a cartografia, foram recolhidas cerca de 100 amostras frescas, representando várias unidades litológicas e mineralógicas, dos afloramentos, exposições e pedreiras de trabalho, para investigações laboratoriais pormenorizadas.

1.8.2 ANÁLISE QUÍMICA DE ROCHAS E DEPÓSITOS MINERAIS

Tipicamente, foram selecionadas amostras representativas inalteradas e frescas de minerais e rochas para análise química dos principais vestígios e REE. As aparas limpas foram pulverizadas até ~ 200 mesh, utilizando um triturador de mandíbulas de aço e um moinho de anéis. Os pós de rocha foram analisados por espetrometria de fluorescência de raios X (XRF) utilizando um Philips MAGIX PRO Modelo 244O para os elementos principais, ICP-AES e ICP-MS para elementos vestigiais e terras raras, em Bhaghavati Anna Labs, Hyderabad.

O presente trabalho limita-se às investigações de campo, aos estudos geológicos e aos estudos químicos (principais, vestigiais e REE). O autor não pôde efetuar a análise mineral e os estudos cronológicos por falta de instalações.

CAPÍTULO II

QUARTZO

2.1 INTRODUÇÃO

O quartzo pertence ao grupo dos minerais de sílica, que têm uma estrutura de tekto-silicato e a sua composição química é SiO_2. A estrutura atómica, tal como se encontra nas variedades cristalinas, não se aplica ao vidro de sílica (ou seja, Lechatelierite). O quartzo é proveniente de veios, diques de pegmatite e leitos de quartzito puro. O quartzo ocorre no sistema cristalino Trigonal. Os cristais de quartzo ocorrem como prismas hexagonais terminados por faces romboédricas, que, quando igualmente desenvolvidas, se assemelham a uma bipirâmide hexagonal.

Os cristais de quartzo contêm frequentemente inclusões de outros minerais, em particular rutilo, sob a forma de finos cristais castanho-avermelhados semelhantes a agulhas e cavidades contendo líquidos também são comuns. As faces prismáticas são sempre estriadas perpendicularmente ao seu comprimento, ou seja, perpendicularmente ao eixo C. O quartzo também ocorre como granulado maciço e por vezes estalactitico. O quartzo é um constituinte essencial das rochas ígneas plutónicas ácidas, como os granitos, os granodioritos e os pegmatitos. Pode também estar presente em alguns dioritos e gabros, sempre sob a forma de grãos intersticiais disformes. Em rochas extrusivas e hibabissais, tais como riolitos, dacitos, pedras de breu e vários porfiritos. O quartzo ocorre frequentemente sob a forma de fenocristais, muitas vezes com bordos corroídos. O quartzo é um mineral de ganga comum em veios hidrotermais e outros, acompanhando os minerais de minério económicos.

2.2 MINERALOGIA E PETROGRAFIA

A composição química do quartzo é SÌO2 e é composto por átomos de silício e oxigénio. O quartzo é um mineral detrítico comum devido à sua dureza, falta de clivagem e estabilidade. É um mineral essencial nos tipos mais grosseiros de rochas terrosas, como conglomerados, arenitos, etc., e também ocorre em variedades de grão fino, como siltitos e lamitos, embora a sua identificação possa ser difícil. O quartzo autogénico pode formar-se durante a diagénese sedimentar, crescendo frequentemente em torno de grãos de quartzo pré-existentes. O quartzo ocorre em muitas rochas metamórficas, especialmente pelitos e psammitos, e permanece até aos graus mais elevados, quando entra na reação:

Muscovite + Quartzo = K-Feldspato + silimanite + água

2.3 FORMULÁRIOS

A variedade cristalina apresenta-se nas seguintes formas distintas

(i) Quartzo
(ii) Tridimite
(iii) Cristobalite
(iv) Coesite
(v) Stishovite e
(vi) Keatite.

Existem três polimorfos cristalinos de sílica. Enquanto o quartzo é um polimorfo de baixa temperatura formado abaixo dos 8700C, a tridimite forma-se entre os 8700C e os 14700C e a cristobalite forma-se a uma temperatura superior a 14700C. A variedade não-cristalina da sílica ocorre como

(i) Lechatelierite
(ii) Opala, e

(iii) Calcedónia.

Existem 2 polimorfos de Quartzo, nomeadamente α-quartzo e ß-quartzo.

2.4 ESTRUTURA

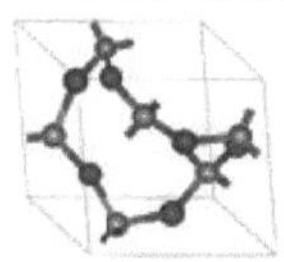

Fig 2.1: Estrutura cristalina do α-quartzo (bolas vermelhas são oxigénio, cinzentas são silício)

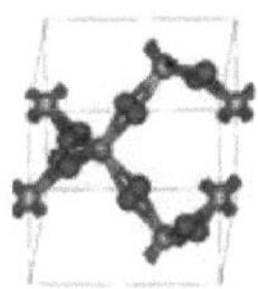

Fig 2.2: Estrutura cristalina do ß-quartzo

α-quartzo : Quartzo de baixa temperatura, formado abaixo de 5730C

ß-quartzo : Quartzo de alta temperatura, formado entre 5730C e 8700C.

O ß-quartzo é encontrado em rochas vulcânicas como fenocristais.

As variedades não cristalinas são o vidro de sílica (Lechatelierite), a Opala e a Calcedónia. A opala e a calcedónia contêm alguma água. A opala apresenta-se nalgumas variedades como opala de fogo, sinterização siliciosa ou géiserite, diatomite, etc. A calcedónia apresenta-se sob a forma de ágata, jaspe, areia, chert, sílex, crisópraso, pedra de sangue (ou seja, cornalina), pedra de chifre, etc.

2.5 VARIEDADES DE QUARTZO

Tabela 2.1: Principais variedades de quartzo

Variedade de quartzo	Propriedades
Cristal de rocha	Claro e transparente
Ametista	Violeta
Ametrina	Laranja ou amarelo
Quartzo rosa	Cor-de-rosa
Calcedónia	Branco
Cornalina	Laranja
Ágata	Multicolorido
Ônix	O ónix é um tipo de ágata
Jasper	Vermelho a castanho
Quartzo leitoso	Branco
Quartzo fumado	Castanho a cinzento
Olho de tigre	Castanho.
Citrino	Amarelo pálido

2.6 DESCRIÇÃO DE VARIEDADES IMPORTANTES DE QUARTZO

Ametista

A ametista é uma variedade transparente, púrpura e semipreciosa de quartzo com impurezas de ferro férrico que dão a cor. A cor desvanece-se com a exposição, mas pode ser parcialmente restaurada humedecendo o cristal. A ametista apresenta uma diafaneidade transparente

Cristal de rocha

O cristal de rocha é a variedade mais pura e mais transparente do quartzo. É utilizado em joalharia e em janelas de embarcações de mergulho em alto mar.

Citrino

O citrino é uma variedade de quartzo castanho pálido ou amarelo pálido e é por vezes designado por Cairngorm (das montanhas Cairngorm da Escócia), mas os Cairngorm originais eram cristais de topázio.

Quartzo leitoso

O quartzo leitoso é uma variedade comum, branca, que contém numerosas cavidades microscópicas de ar que conferem ao quartzo a sua cor branca. A cor láctea pode ser superficial e estes cristais são designados por quartzo en chemise.

Quartzo rosa

O quartzo rosa é uma variedade de quartzo cor-de-rosa pálido que deve a sua cor às impurezas de Li, Na e Ti presentes na sua estrutura.

Morion

O Morion é uma variedade negra do Quartzo.

Quartzo fumado

O quartzo fumado é uma variedade de quartzo castanho pálido ou amarelo pálido.

Olho de gato

O olho de gato é um quartzo com uma estrutura fibrosa que confere um brilho opalescente peculiar à face cortada; este cristal é frequentemente um pseudomorfo de algum material fibroso.

Quartzo aventurina

O quartzo aventurina é um cristal de quartzo que contém manchas de mica, hematite, etc.

Quartzo ferruginoso

O quartzo ferruginoso contém vários óxidos de ferro, dando ao cristal uma aparência avermelhada ou acastanhada.

Tridimite e cristobalite

A tridimite e a cristobalite são incolores com propriedades ópticas semelhantes às do quartzo, mas o seu índice de refração é consideravelmente inferior a 1,54. A Tridimita apresenta por vezes gémeos sectoriais em secção fina. Quando presentes, ambos os minerais ocorrem geralmente como cristais muito minúsculos. A tridimite é rara nas rochas, mas pode ocorrer em rochas ígneas rapidamente arrefecidas, tais como riolitos, pedras de breu, etc., por vezes em associação com sanidina, augite e olivina fayalitica. Foi registada a ocorrência de tridimite em calcário impuro metamorfoseado termicamente a alta temperatura.

Sílica criptocristalina

A maior parte das variedades são misturas de sílica criptocristalina e de sílica hidratada, do SiO2 (sílica calcedónica) à Opala (sílica hidratada). A calcedónia inclui um certo número de subvariedades baseadas principalmente na cor. A cornalina é uma variedade avermelhada ou amarelada, sub translúcida, e o sardão é acastanhado. Ambas são utilizadas como pedras em anéis de sinete e em trabalhos semelhantes. A prase é uma variedade verde translúcida, baça, e a plasma é uma variedade verde brilhante, subtranslúcida, salpicada de branco; a pedra de sangue ou heliotrópio é semelhante, mas salpicada de vermelho. A crioprase é verde-maçã. A ágata é uma calcedónia variegada, composta por faixas concêntricas de cores diferentes, com limites nítidos ou difusos e é utilizada em broches, caixas de rapé e pingentes. A ágata musgosa ou pedra moca é uma calcedónia que contém pequenos dendritos (crescimentos semelhantes a árvores), que consistem em óxido de ferro ou numa clorite rica em ferro. O ónix ou a sardónica são variedades com bandas planas, tendo o ónix bandas brancas e cinzentas, castanhas ou pretas e a sardónica bandas brancas ou branco-azuladas e vermelhas ou vermelho-acastanhadas.

O sílex é geralmente de cor preta ou cinzenta. O sílex parte-se com uma fratura conchoidal, dando origem a arestas vivas. O sílex é utilizado nos moinhos de tubos e o sílex calcinado na indústria cerâmica. A pedra de chifre e o chert são variedades opacas, cinzentas a pretas, que se assemelham às pedras, mas que se partem com uma fratura mais ou menos plana. O jaspe egípcio ou jaspe de fita apresenta belas faixas em tons de castanho. O jaspe porcelânico é uma argila ou um xisto metamorfoseado termicamente, que se distingue do verdadeiro jaspe pelo facto de ser fusível nos seus bordos.

A opala preciosa é a variedade preciosa, que apresenta uma opalescência e um jogo de cores brilhantes. O hidrofano é uma variedade branca ou amarelada que, quando imersa em água, se torna translúcida e opalescente. A hialite é uma variedade incolor, transparente e vítrea, que se apresenta em pequenas formas botrioidais ou estalactites. A menilite ou opala hepática é uma variedade opaca, acastanhada, que se apresenta em concreções achatadas ou arredondadas, com exterior pálido.

A opala de madeira é a madeira que foi substituída por opala. O sinter silicioso é constituído por sílica hidratada ou anidra. Tem uma textura solta e porosa e é depositado nas águas de fontes termais. A pedra flutuante é uma variedade porosa que flutua na água. A diatomite, terra de diatomáceas ou kieselguhr é um depósito proveniente de testes ou esqueletos de organismos siliciosos, como algas e diatomáceas, formando leitos em lagos e depósitos espessos onde as emissões vulcânicas siliciosas forneceram material abundante para o crescimento de diatomáceas. A diatomite é seca e utilizada como absorvente, meio filtrante para isolamento a altas temperaturas e também em cimento, esmaltes, pigmentos, etc.

2.7 - Tabela 2.2: Resumo das caraterísticas do mineral de quartzo	
Categoria	Óxido Mineral
Composição química	SiO_2
Cor	Incolor a branco
Faixa	Branco
Lustre	Vítreo, ocasionalmente resinoso
Dureza	7 (Um dos minerais na escala de Mohs)
Gravidade específica	2.65-2.66
Clivagem	O quartzo não possui uma clivagem
Fratura	Conchoidal
Forma e estrutura	Geralmente maciços, por vezes com faces cristalinas
Clivagem	{Indistinto
Fratura	Conchoidal
Tenacidade	Fragilidade
Diafaneidade	Transparente
Propriedades ópticas	Uniaxial + ve, o quartzo é de comprimento lento.
Índice de refração	Baixo +ve, apenas superior a 1,54
Extinção	Onduladas (as variedades vítreas são isotrópicas). No Brasil - placas geminadas - observa-se a espiral de Airys.
Birrefringência	0.009
Pleocroísmo	Nenhum

Polarização Cor	1ª encomenda cinzento ou amarelo
Geminação	O quartzo é geminado segundo várias leis, das quais as mais comuns são a lei Dauphine, que tem o eixo C como plano gémeo; a lei brasileira, que tem {1120} como plano gémeo; e a lei japonesa, que tem {1122} como plano gémeo. Outros planos gémeos incluem {1011}, {1012} e {1121}.
Ponto de fusão	1670 °C (β tridimite) 1713 °C (β cristobalite)

2.8 QUARTZO - UTILIZAÇÕES INDUSTRIAIS

Os minerais de quartzo são amplamente utilizados nas indústrias da cerâmica e do vidro e, em alguns casos, nas indústrias de massas de compactação. O quartzo (graus A e B) é utilizado nas indústrias do vidro e das ligas de ferro. O quartzo (grau C) é utilizado como massa de compactação. O quartzo está a ser exportado em pedaços, , bem como em pó (principalmente 325 mesh) para a Malásia e alguns dos outros países do Sudeste Asiático. Recentemente, o quartzo do sector de Kamareddy tem sido amplamente utilizado para o fabrico de granito artificial (ou pedra de engenharia).

2.9 QUARTZO NO DISTRITO DE KAMAREDDY

Minerais de quartzo economicamente viáveis estão a ser extensivamente extraídos das aldeias de Rameshwarapally, Thippapur, Peddamallareddy, Baswapur, Lingampally, Mallupally, Malthummeda e Vellutla em Bhiknoor, Lingampet, Naggireddypet e Yellareddy Mandals, como se pode ver no quadro 2.3 abaixo.

Quadro 2.3: Declaração com a lista das minas de quartzo em atividade, pertencentes ao O/o Asst.Diretor of Mines & Geology, Kamareddy, Estado de Telangana

Sl. Não	Nome do titular do contrato de arrendamento	Localização			Extensão em Hectos		Arrendamento Período
		Sy.No .	Aldeia	Mandal	Terrenos públicos	Patta. Terreno	
1	Sri B. Jagan Mohan Reddy	271/4, 5,6	Rameshwarpally	Bhiknoor		2.300	22-05-2002 a 21-05-2022
2	Sri B. Jagan Mohan Reddy	753	hipapur	Bhiknoor		2.146	01-12-2003 a 30-11-2023
3	M/s. Trimex Industries (P) Ltd	994	eddamallareddy	Bhiknoor	3.200		23-07-2003 a 22-07-2023
4	Sri Jangam Boranna	188	L ampalmente	Li ampet	2.330		10-11-2006 a 09-11-2026
5	Sri G. Chandrashekar	38	lthummeda	Nagireddypet	6.680		31-10-2005 a 30-10-2025
6	Srinivas	835/1	Vellutla	Yellareddy			28.06.2017 a 27.06.2037

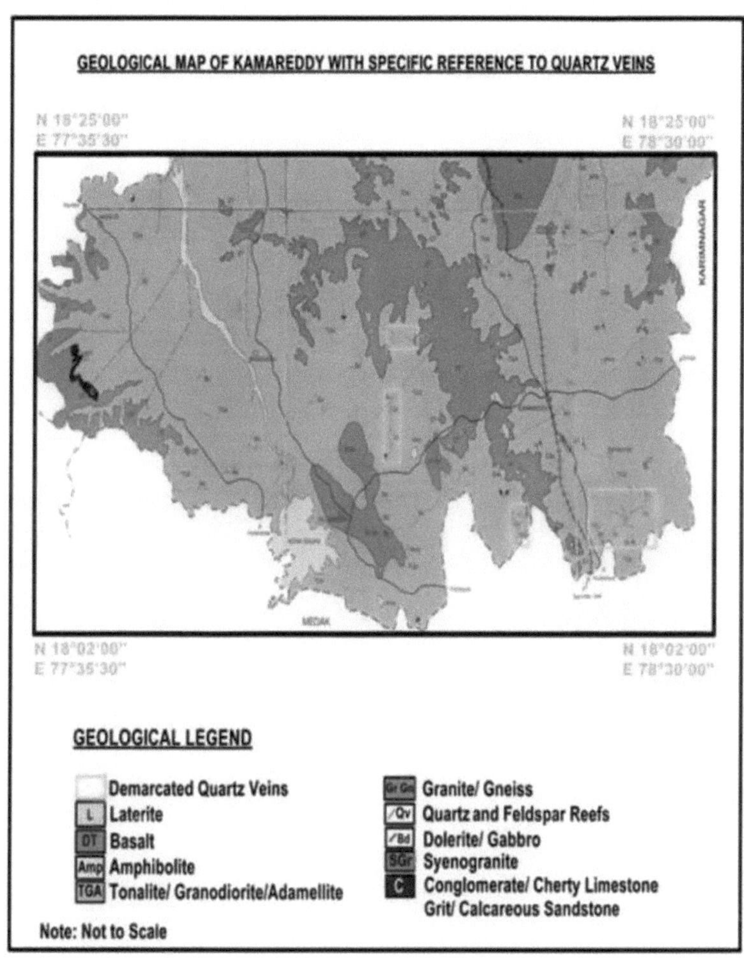

Fig 2.3: Mapa geológico do distrito de Kamareddy com referência específica aos veios de feldspato marcados como⊔ Qv e delimitados entre as longitudes E77°35'30"-78°30'00" e as latitudes N 18°02'00"-18°25'00" (Datum-WGS-84).

VISTA DE UM VIEN DE QUARTZO EXPOSTO NO DISTRITO DE KAMAREDDY

Fig 2.4: 1) Afloramentos de quartzo na área de estudo (escala: 20 cm Martelo) 2) Observação da orientação do afloramento, 3) Recolha de amostras dos afloramentos e 4) Coordenadas do afloramento exposto (N 18° 09'00.7", E 78° 27'06.3", Datum- WGS-84, Garmin).

2.10 - Quadro 2.4 - Sucessão geológica do distrito de Kamareddy com referência a veios de quartzo		
ERA	**INTRUSIVOS**	**LITOLOGIA**
PLEISTOCENO		Laterita (L)
CRETÁCEO SUPERIOR A EOCENO INFERIOR	Armadilha de Deccan (DT)	Basalto
PROTEROZÓICO INFERIOR	**Ácido Intrusivo** **Intrusivas de base**	**Recife de Quartzo e Feldspato (QV)** **Dolerite/gabro (Bd)**
ARQUEANO A PROTEROZÓICO INFERIOR		Tonalite/Granodiorite/ Adamellite
ARCHAEAN	Dharwar Super Group	Anfibolito
	Complexo gnáissico peninsular	Granito/Gneisse

2.11 OCORRÊNCIA GEOLÓGICA

Uma variedade de tipos de rochas pertencentes ao complexo gnáissico peninsular (Arqueano), rochas xistosas do Supergrupo Dharwar (idade Arqueano-Proterozóica), granitóides e intrusivas ácidas e básicas mais jovens (Proterozoico Inferior), armadilhas do Decão (Cretáceo Superior - Eocénico Inferior) e laterite (Pleistocénico) estão expostas no distrito de Kamareddy. O complexo gnáissico peninsular, que ocorre como enclaves e resites, dentro dos granitóides mais jovens é visto na região, principalmente em torno de Yellareddy e Lingampet. Os gnaisses, que são bandados e estriados, compreendem tonalite, trondijhemite e granodiorite. A tendência geral da foliação varia de NW-SE a NNW-SSE com mergulhos íngremes a subverticais. As juntas/fracturas são reconhecidas ao longo das tendências NW-SE, N-S e NE-SW.

Todas as rochas acima referidas são profusamente intrudidas por granitos cinzentos ricos em potássio, intrusivos ácidos e básicos de idade proterozóica inferior. O granito cinzento é caracterizado pela predominância de feldspato potássico. O contacto entre os diferentes granitos é gradacional.

Os diques básicos, de tendência N-S, ENE-WSW e NW-SE, intrometem-se em todos os tipos de rochas pré-existentes. Estes diques são maciços e de composição maioritariamente dolerítica, com exceção de alguns, que são gabróicos.

Os depósitos de quartzo atravessam as unidades rochosas mais antigas (Tonalite/Granodiorito de idade Arqueana a Proterozóica inferior) e tendem a ENE-WSW, N-S e NW-SE. O seu comprimento varia de alguns metros a vários metros, de forma intermitente, com larguras de 2-30 mts e profundidades que variam de 10-30 mts. O quartzo que ocorre no distrito de Kamareddy tem SiO_2 entre 99-98% e tem um aspeto leitoso e semi-vidro.

2.12 ANÁLISE QUÍMICA DO QUARTZO

Tabela 2.5: Concentração de elementos principais do mineral Quartzo										
	34	**39**	**3**	**31**	**3**	**44**	**4**	**58**	**61**	**6**
SiO_2	99.57	99.62	99.08	99.54	98.68	98.56	98.40	98.08	98.57	99.47
TiO_2	0.02	0.04	0.06	0.01	0.03	0.03	0.03	0.02	0.03	0.05
A12O3	0.14	0.12	0.08	0.06	0.30	0.41	0.54	0.30	0.13	0.09
Fe_2O_3	0.011	0.018	0.371	0.07	0.61	0.69	0.72	0.35	0.086	0.056
MgO	0.02	0.00	0.02	0.00	0.02	0.02	0.01	0.05	0.04	0.02
CaO	0.06	0.04	0.06	0.00	0.08	0.09	0.07	0.20	0.02	0.03
Na_2O	0.04	0.04	0.04	0.00	0.02	0.01	0.02	0.38	0.01	0.05
K2O	0.02	0.02	0.18	0.00	0.00	0.00	0.00	0.15	0.20	0.18
Total	**99.881**	**99.898**	**99.89**	**99.68**	**99.74**	**99.81**	**99.79**	**99.53**	**99.08**	**99.94**

Nota: 34, 39, 33, 31, 38, 44, 46, 58, 61 e 62 são os números das amostras de Quartzo recolhidas.

2.13 VISTA DE VÁRIAS MINAS DE QUARTZO NO DISTRITO DE KAMAREDDY

Fig 2.5: 1) Coordenadas (N 18° 06'28.4", E 78° 28'01.6", Datum- WGS-84, Garmin) do afloramento de Quartzo exposto, 2) Recolha de amostras dos afloramentos 3) Observação da orientação do afloramento e 4) Afloramentos de Quartzo na área de estudo (escala: 20 cm Martelo).

Fig: 2.6: 1) Observação da orientação dos afloramentos de quartzo expostos na área de estudo (escala: 20cm Martelo) 2) Recolha de amostras dos afloramentos 3) Vista à distância dos afloramentos de quartzo e dos flutuadores e 4) Coordenadas (N 18° 09'00.4", E 78° 27'07.3", Datum- WGS-84, Garmin) do afloramento de quartzo exposto.

Fig: 2.7: 1) Observação das caraterísticas do quartzo numa pedreira em funcionamento 2) Vista da face de trabalho numa pedreira em funcionamento 3) Vista mais próxima da parede de quartzo numa pedreira em funcionamento e 4) Recolha de amostras da parede de quartzo exposta.

Fig: 2.8: 1) Coordenadas (N 18° 11'27.5", E 78° 21'25.8", Datum- WGS-84, Garmin) do afloramento de quartzo exposto 2) Recolha de amostras dos afloramentos 3) Afloramentos de quartzo na área de estudo (escala: 20 cm Martelo) 4) Vista dos afloramentos de quartzo expostos.

2.14 MAPA GOOGLE EARTH DE VÁRIAS MINAS DE QUARTZO EM KAMAREDDY REGIÃO N

Fig 2.9; Imagem do Google de uma mina de quartzo em konapur (N 18° 06'28.4", E 78° 28'01.6", Datum- WGS-84)

Fig 2,10; Imagem Google da mina de quartzo de Thippapur (N 18° 11'27.5", E 78° 21'24.8", Datum(WGS-84).

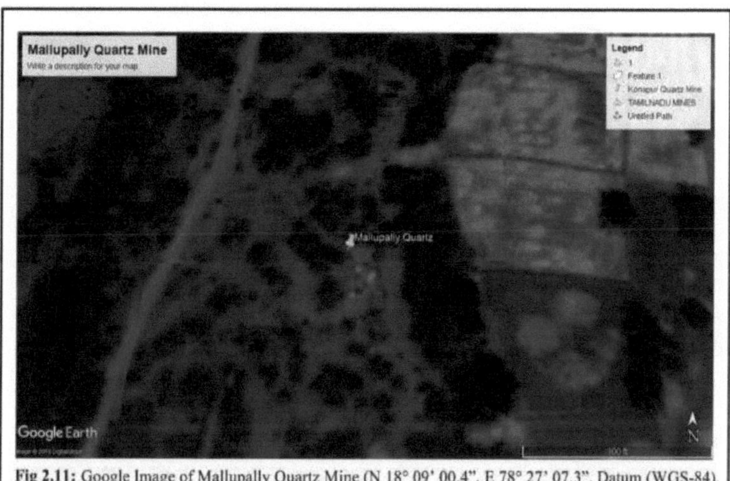

Fig 2.11: Google Image of Mallupally Quartz Mine (N 18° 09' 00.4", E 78° 27' 07.3", Datum (WGS-84).

2.15 Quadro 2.6- Diferentes graus de quartzo no distrito de Kamareddy

O quartzo extraído do distrito de Kamareddy divide-se nos graus abaixo, consoante a percentagem de sio2%, Fe2O3 % e o aspeto físico.

Grau	SiO2 %	Fe2O3 %	Tamanho	Aspeto físico
Classe A	> 99 8	< 0.02	40-100 mm	Branco em todos os lados.
Classe B	99.8-99.6	0.02-0.08	40-100 mm	3 faces brancas e uma face com revestimento avermelhado.
Classe C	99.6-99.0	0.08-0.10	10-40 mm	3 lados avermelhados e um lado branco.

2.16 PROCESSO

As operações da mina serão efectuadas através de um método de exploração mineira simples a céu aberto semi mecanizado. O material de quartzo extraído da mina ROM (Run off Mine) será transportado para o pátio de estocagem através de estradas de transporte e segregado manualmente em classes A, B e C, com a ajuda de trabalhadores, porque as classes são diretamente proporcionais ao aspeto físico e ao tamanho do material. Os diferentes tipos de material são armazenados separadamente. O quartzo de qualidade A, com exceção das percentagens de SiO2 e Fe2O3, deve ser branco nos quatro lados e ter um tamanho entre 40-100 mm. As dimensões inferiores a 40 mm serão rejeitadas no caso da categoria A. Do mesmo modo, o quartzo de qualidade B deve ter o aspeto físico de

3 lados brancos e apenas um lado com revestimento avermelhado, para além de corresponder às percentagens de SiO2 e Fe2O3 mencionadas acima **(na Tabela 2.6)**. Dependendo das necessidades do cliente, o quartzo segregado seria vendido em pedaços (ou) seria transportado para o moinho de bolas mais próximo, para fazer pó de 200 mesh (ou) 325 mesh.

2.17 COMPRADORES POTENCIAIS - NACIONAIS E EXPORTADORES

O material de quartzo transformado da região de Kamareddy é comercializado tanto no mercado nacional como no mercado internacional.

Entre os consumidores nacionais contam-se indústrias de cerâmica como a RAK Ceramics (Samarlakota, perto de Kakinada, distrito de East Godavari), Aparna Ceramics (Samarlakota, perto de Kakinada, distrito de East Godavari), Johnson & Johnson Company (Karaikal, Pudicherry), H &R Johson (Tiruchirappalli, Tamil Nadu), Silica Ceramics (Near Tadepalligudem, West Godavari District), Sentini Ceramics (Chiguru kota, Krishna District), Segno Ceramics (Vemavaram, Guntur District).

O quartzo (grau A e grau B) é adquirido pelas indústrias de Chettinad em Kanchipuram, Tamil Nadu e em Bhoghapuram, distrito de Vizianagaram. O quartzo (grau C) é utilizado como massa de compactação e é adquirido por indústrias locais em Bhiknoor/Kamareddy e arredores. A massa de compactação ácida é utilizada no revestimento de fornos de indução. A qualidade da massa de compactação ácida está diretamente relacionada com o desempenho de aquecimento dos fornos. Uma melhor qualidade do revestimento resulta no bom funcionamento dos fornos, num rendimento ótimo e num melhor controlo metalúrgico.

2.18 EXPORTAÇÕES

A exportação de quartzo é feita sob a forma de grumos, bem como sob a forma de pó (200 mesh (ou) 325 Mesh). Os principais exportadores são do Vietname, Indonésia, China, Irão, Coreia do Sul, Malásia, Indonésia, Bangladesh e Turquia.

Atualmente, as exportações são efectuadas principalmente a partir de três portos principais, nomeadamente o porto de Krishnapatnam no distrito de S.P.S.R Nellore, o porto de Kakinada no distrito de East Godavari e o porto de Chennai. A partir de Chennai, as exportações são efectuadas a partir do porto de Chennai, gerido pelo Port Trust of India, e do Adani Kattupalli Port Private Limited (AKPPL), gerido pela Adani Ports and Special Economic Zone Limited (APSEZ) e promovido pelo grupo Adani. O porto de Kakinada é gerido pela Kakinada Sea Ports e o porto de Krishnapatnam é gerido pelo C.V.R Group, sediado em Hyderabad.

CAPÍTULO III

FELDSPAR

3.1 INTRODUÇÃO

Feldspato é o nome geral de um grupo de minerais de silicato de alumínio que contêm quantidades variáveis de potássio, cálcio e sódio. Os feldspatos são o grupo mais importante de minerais de silicato formadores de rocha em rochas ígneas, sedimentares e metamórficas. Constituem cerca de 2/3 [rd] das rochas ígneas. A sua composição variada levou a que fossem utilizados como meio de classificação das rochas ígneas, uma vez que só estão ausentes em certos tipos de rochas ígneas ultramáficas e ultra-alcalinas e nos carbonatitos. Nas rochas metamórficas, os feldspatos estão ausentes apenas em alguns pelitos de baixo grau, mármores puros, quartzitos puros e na maioria dos eclogitos. Os feldspatos são comuns nas rochas sedimentares arenáceas, mas são menos comuns nos tipos argilosos. Nestas rochas de grão fino, os feldspatos são difíceis de reconhecer devido ao seu tamanho muito pequeno, mas as técnicas de raios X revelam a sua presença.

Embora os feldspatos constituam cerca de 50% das rochas ígneas, as variedades comerciais provêm principalmente de diques de pegmatitos, sobretudo graníticos. Ocorrem em zonas de rochas graníticas, sieníticas e metamórficas e, como é comum nos pegmatitos, são geralmente irregulares em termos de dimensão, continuidade e distribuição do teor de feldspato.

3.2 MINERALOGIA E PETROGRAFIA

Os feldspatos são geralmente representados através de um diagrama ternário com K-Feldspato (Ortoclase e Microclina), Albite e Anortite como vértices (ver fig. 3.1). Os campos ocupados pelos dois grupos de feldspatos mostram que os feldspatos alcalinos podem conter até 10% da molécula de anortita na sua estrutura e, do mesmo modo, os feldspatos plagioclásicos podem conter até 10% da molécula de K-feldspato na sua estrutura.

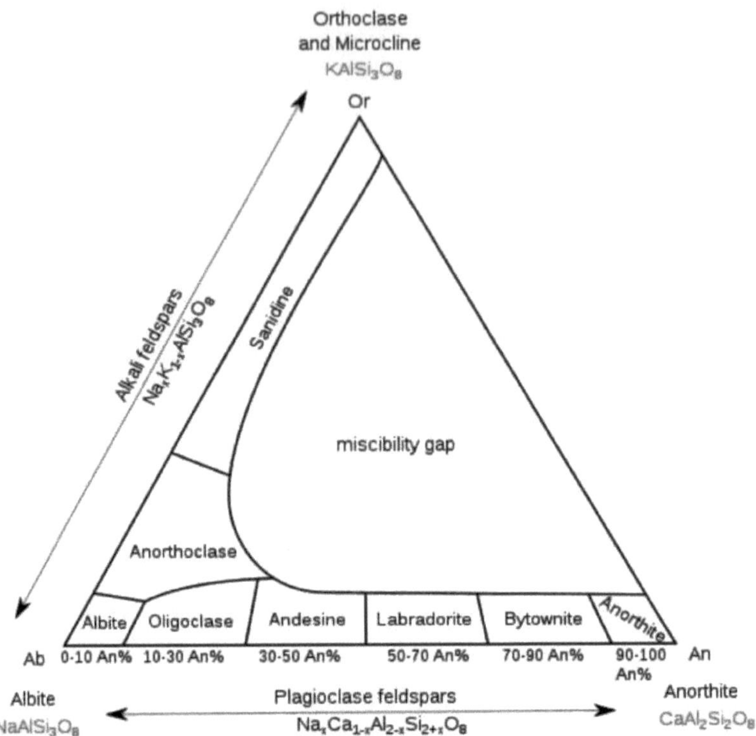

Fig 3.1: Diagrama de composição dos feldspatos.

3.3 FORMAÇÃO E ESTRUTURA CRISTALINA

As propriedades ópticas e a estrutura atómica dos feldspatos dependem da sua história de arrefecimento. Assim, por exemplo, o K-feldspato a alta temperatura, que foi rapidamente arrefecido como nas rochas ígneas extrusivas, tem um hábito tabular e é designado por sanidina, enquanto o K-feldspato arrefecido lentamente, como se encontra nas rochas ígneas plutónicas, tem um hábito prismático e é designado por ortoclásio. O K-feldspato de temperatura mais baixa, que se encontra nalgumas rochas metamórficas e em intrusões graníticas muito grandes, chama-se microclina. Estas diferentes variedades de feldspato alcalino estão relacionadas com os diferentes graus de ordem-desordem do Al e do Si na rede. Todos os feldspatos têm propriedades físicas muito semelhantes.

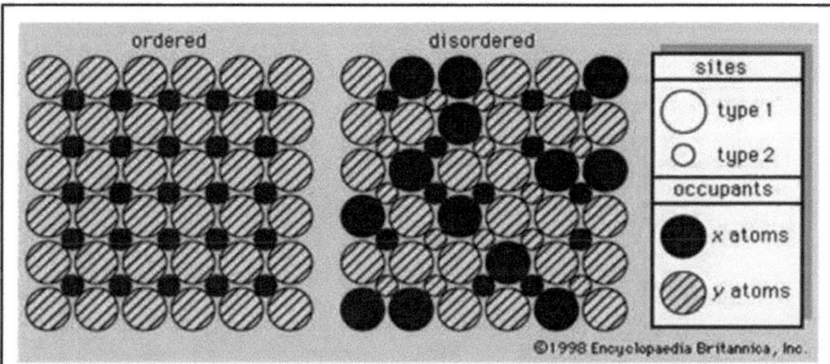

Fig 3.2: Schematic diagram showing ordered (left) and disordered (right) arrays within a structure having two kinds of sites (type 1 and type 2) and two types of occupants (x atoms and y atoms). In the ordered structure all x atoms are distributed uniformly in the spaces between the y atoms, whereas in the disordered structure, no regular arrangement obtains.

A geminação é uma propriedade muito importante nos feldspatos. Os K-feldspatos, como a sanidina e a ortoclase, são geralmente simplesmente geminados em três leis:

(1) A Lei de Carlsbad, com (100) como plano gémeo;

(2) A Lei de Baveno, com (021) como plano gémeo; e

(3) A Lei de Manebach, com (001) como plano gémeo.

Os feldspatos plagioclásicos e a microclina podem apresentar geminações simples como as descritas acima, mas invariavelmente também apresentam geminações repetidas ou lamelares que podem ter duas leis, nomeadamente;

(1) Lei de Albite, com (010) como plano gémeo; e

(2) Lei da pericilina, com o eixo cristalográfico b como eixo gémeo.

Num cristal de microclina, ambas as leis de geminação estão normalmente em funcionamento, de modo que a geminação aparece como linhas finas e intersectadas (chamadas de hachuras cruzadas) no plano basal (001) do cristal. A hachura cruzada não ocorre em grande escala nos feldspatos plagioclásicos e os gémeos mais comuns são os gémeos de albite, que aparecem como conjuntos de linhas paralelas no plano basal (001) de um cristal; as linhas variam em espessura com as composições. Na plagioclase de Na (albite), as lamelas gémeas são muito finas, enquanto que na plagioclase de Ca são muito mais largas. Podem ocorrer várias leis de geminação em simultâneo, de modo que, por exemplo, as leis de geminação combinadas Carlsbad-Albite afectam normalmente os cristais de feldspato plagioclásio em rochas ígneas básicas.

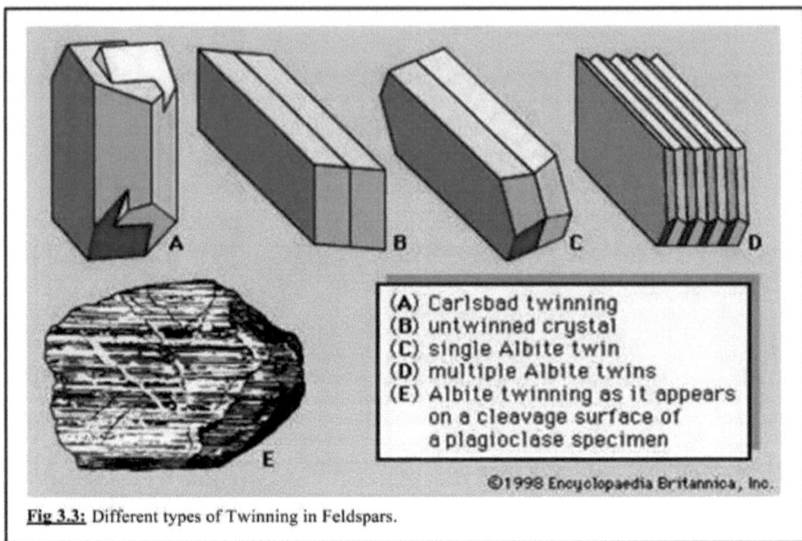

Fig 3.3: Different types of Twinning in Feldspars.

3.4 PROPRIEDADES FÍSICAS

A cor dos feldspatos é variável, geralmente branca ou clara, mas a ortoclase é frequentemente rosa ou avermelhada e a plagioclase rica em Ca é frequentemente cinzenta escura com uma tonalidade azulada. Alguns feldspatos podem ser esverdeados ou verdes brilhantes (como na amazonite, uma variedade de microclina). A maioria dos K-feldspatos, com exceção da microclina, é monoclínica; a microclina e todas as palgiclases são triclínicas. Os feldspatos são geralmente prismáticos, embora os feldspatos cristalizados a alta temperatura possam ter um hábito tabular. Os feldspatos K em rochas plutónicas ácidas cristalizam geralmente nos interstícios entre cristais já formados e tendem a ser disformes ou anédricos.

3.5 PROPRIEDADES COMUNS DO GRUPO DOS FELDSPATOS

Todos os feldspatos possuem duas clivagens, uma prismática paralela a {010} e uma basal paralela a {001}, que se encontram a - 90° na face (100); podem também ocorrer várias separações. A fracturação varia de conchoidal a irregular e estilhaçada. O feldspato tem uma dureza de aproximadamente 6 na escala de dureza de Mohs. O brilho varia de vítreo a nacarado nos planos de clivagem; pode observar-se iridescência nas faces de clivagem dos feldspatos plagioclásicos labrodoríticos, por vezes baça. A transparência varia de subtransparente a translúcida e opaca. Os feldspatos formados a temperaturas mais elevadas são mais transparentes do que os formados a temperaturas mais baixas. A gravidade específica dos feldspatos alcalinos seria de cerca de 2,56 (K-feldspato puro) a 2,63 (albite) e a gravidade específica dos feldspatos plagioclásicos seria de 2,63 (albite) a 2,76 (anortite).

3.6 IDENTIFICAÇÃO DE FELDSPATOS ESPECÍFICOS

Os feldspatos plagioclásicos apresentam geminação de albite, que não existe nos feldspatos alcalinos. A geminação da albite apresenta linhas paralelas em certas superfícies de clivagem. A geminação polissintética pode também ser utilizada para identificar certos feldspatos. Do mesmo modo, a albite tem uma densidade de 2,62, enquanto os feldspatos alcalinos ricos em K têm uma densidade de 2,56.

O aspeto físico também pode ser utilizado para distinguir os diferentes feldspatos. Por exemplo, a sanidina é geralmente vítrea, transparente e incolor, enquanto a microclina e a ortoclase são cor de carne e brancas. Do mesmo modo, a pedra amazónica é de cor verde. A ortoclase comum inclui as variedades subtranslúcidas ou baças. A Adularia é uma variedade de baixa temperatura, incolor e de hábito prismático. A pedra da lua é uma variedade nacarada a opalescente. A pedra do sol e o feldspato aventurino são tipos de adularia salpicados de minúsculos cristais de hematite, limonite, etc.

3.7 TIPOS DE FELDSPATOS

Os feldspatos pertencem aos tectosilicatos e são constituídos por 3 membros finais, nomeadamente

- Membro final de potássio - KAISÌ3O8
- Membro final da albite - NaAlSi3O8
- Membro final de anortita - CiiAfCL.

3.8 - Tabela 3.1 - Resumo das Caraterísticas do Mineral Feldspato	
Forma de cristal	A ortoclase é monoclínica, a microclina e outras plagioclases são tricilínicas.
Estrutura atómica	Tektosilicatos
Composição química	KAlSi3Ü8 - NaAlSi3O8 - CaAhSi2O8 - BaAhSi2Os
Sistema de cristais	Triclínico ou monoclínico
Cor	A ortoclase é vermelho-carne, a microclina é verde e os feldspatos plagioclásicos variam entre o branco e o cinzento.
Clivagem	2 conjuntos - um paralelo à face (001) e outro à (010). O ângulo entre as clivagens é de 900 no caso da ortoclase, mas inferior a 900 noutros membros.
Geminação	Banda de Carls - O eixo "c" é o eixo dos gémeos e (010) é o plano de composição. Baveno - (021) é o avião gémeo (ou seja, Clinodome) Manebach - (001) é o plano gémeo. Albite - Plano gémeo (001), eixo gémeo perpendicular a este Lei da periclina - (010) plano de composição, o eixo gémeo é o eixo b.
Fratura	Ao longo dos planos de clivagem
Dureza	6 na escala de Mohs.
Lustre	Vítreo
Faixa	Branco
Gravidade específica	2,5 a 3, consoante o teor de cálcio.
Densidade	2.56

3.9 UTILIZAÇÃO INDUSTRIAL DO FELDSPATO

O feldspato é utilizado na cerâmica para o fabrico de vidro e de cerâmica, tanto no corpo da peça como no esmalte. É também utilizado em esmaltes para utensílios domésticos, azulejos, louça sanitária de porcelana e outras utilizações menores da cerâmica. Algum feldspato é também um ingrediente em sabões para esfregar, abrasivos, materiais para telhados e dentes falsos. Embora o feldspato potássico e o feldspato sodado sejam as variedades comerciais de feldspato, o feldspato potássico é o feldspato dominante disponível no distrito de Kamareddy. Os feldspatos potássicos contêm sempre alguma soda proveniente da albite incluída. Os feldspatos com elevado teor de potássio, após arrefecimento da fusão, produzem um vidro sólido.

3.10 FELDSPATO NO DISTRITO DE KAMAREDDY

Minerais de feldspato economicamente viáveis (**predominantemente feldspato de potássio**) estão a ser extensivamente extraídos de Rameshwarapally, Thippapur, Peddamallareddy, Baswapur, Lingampally, Mallupally, Malthummeda e Vellutla (Ref. Quadro-3.2).

Quadro 3.2: Declaração com a lista das minas de feldspato em atividade, pertencentes ao o/o Asst.Diretor of Mines & Geology, Kamareddy, Estado de Telangana

Sl. Não.	Nome do titular do contrato de arrendamento	Sy.No.	Localização		Extensão em Hectos		Período de aluguer
			Aldeia	Mandal	Terrenos públicos	Patta.Land	
1	Sri B. Jagan Mohan Reddy	271/4, 5,6	Rameshwarpally	Bhiknoor		2.300	22-5-2002 a 21-05-2022
2	Sri B. Jagan Mohan Reddy	753	Thipapur	Bhiknoor		2.146	01-12-2003 a 30-11-2023
3	M/s. Trimex Industries (P) Ltd	994	Peddamallareddy	Bhiknoor	3.200		23-7-2003 a 22-07-2023
4	Sri Jangam Boranna	188	Lingampally	Lingampet	2.330		10-11-2006 a 09-11-2026
5	Sri G. Chandrashekar	38	Malthummeda	Nagireddypet	6.680		31-10-2005 a 30-10-2025
6	K. Srinivas	835/1	Vellutla	Yellareddy			28.06.2017 a 27.06.2037

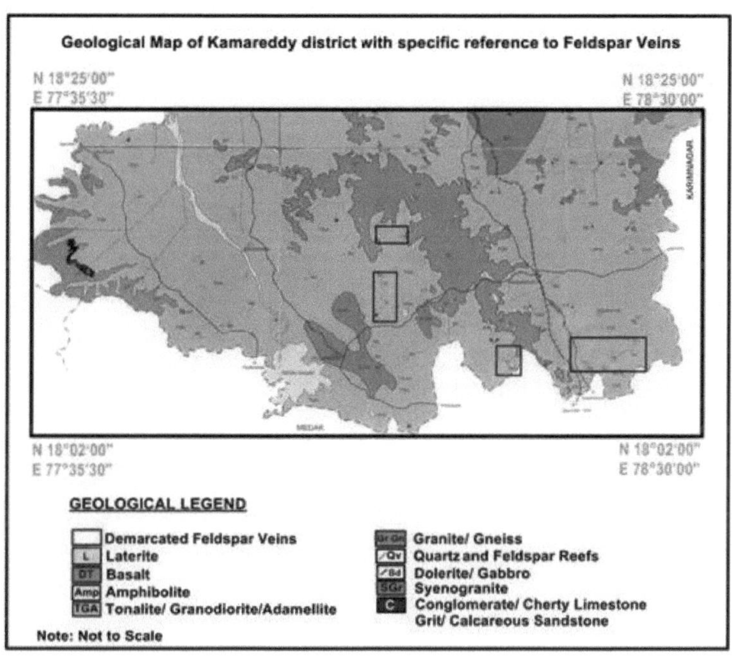

Fig 3.4: Mapa geológico do distrito de Kamareddy com referência específica aos veios de feldspato marcados como⌊⌋ Qv e delimitados entre as longitudes E77°35'30"-78°30O0" e as latitudes N 18°02'00"-18°25'00" (Datum-WGS-84)

VISTA DE UM VEIO DE FELDSPATO EXPOSTO NO DISTRITO DE KAMAREDDY

VIEW OF A EXPOSED FELDSPAR VEIN IN KAMAREDDY DISTRICT

Fig.3.5: 1) Observing the orientation of the exposed Feldspar Outcrop, 2) & 3) Collecting Samples from Feldspar Outcrops (N 18° 09'19.3", E 78° 23'52.7", Datum- WGS-84, Garmin) and 4) Observing the orientation of the Feldspar vein (scale: 20 cm Hammer).

Fig.3.5: 1) Observação da orientação do afloramento de feldspato exposto, 2) & 3) Recolha de amostras do afloramento de feldspato (N 18° 09'19.3", E 78° 23'52.7", Datum- WGS-84, Garmin) e 4) Observação da orientação do veio de feldspato (escala: 20 cm Martelo).

3.11-Tabela 3.3: Sucessão geológica do distrito de Kamareddy com referência específica aos filões de feldspato		
ERA	**INTRUSIVOS**	**LITOLOGIA**
PLEISTOCENO		Laterita (L)
CRETÁCEO SUPERIOR A EOCENO INFERIOR	Armadilha de Deccan (DT)	Basalto
PROTEROZÓICO INFERIOR	**Intrusivos Ácidos** **Intrusivos Básicos**	**Recife de Quartzo e Feldspato (QV)** **Dolerite/gabro (Bd)**
ARQUEANO A PROTEROZÓICO INFERIOR		Tonalite/Granodiorite/ Adamellite
ARCHAEAN	Dharwar Super Group	Anfibolito

	Complexo gnáissico peninsular	Granito/Gneisse

3.12 OCORRÊNCIA GEOLÓGICA

Uma variedade de tipos de rochas pertencentes ao complexo gnáissico peninsular (Arqueano), rochas xistosas do supergrupo Dharwar (idade Arqueano-Proterozóica), granitóides e intrusivas ácidas e básicas mais jovens (Proterozoico Inferior), armadilhas do Decão (Cretáceo Superior - Eocénico Inferior) e laterite (Pleistocénico) estão expostas no distrito de Kamareddy. O Complexo Gnáissico Peninsular, que ocorre como enclaves e resites, dentro dos granitóides mais jovens, é visto na região, principalmente em torno de Yellareddy e Lingampet. Os gnaisses que são bandados e escarpados incluem tonalite, trondijhemite e granodiorito. A tendência geral da foliação varia de NW-SE a NNW-SSE com mergulhos íngremes a subverticais. As juntas/fracturas são reconhecidas ao longo das tendências NW-SE, N-S e NE-SW.

Todas as rochas acima referidas são profusamente intrudidas por granitos cinzentos ricos em potássio, intrusivos ácidos e básicos de idade proterozóica inferior. O granito cinzento é caracterizado pela predominância de feldspato potássico. O contacto entre os diferentes granitos é gradacional. Os diques básicos, de tendência N-S, ENE-WSW e NW-SE, intrometem-se em todos os tipos de rochas pré-existentes. Estes diques são maciços e de composição maioritariamente dolerítica, com exceção de alguns, que são gabróicos.

Os veios de feldspato atravessam as unidades rochosas mais antigas (Tonalite/Granodiorito de idade Arqueana a Proterozóica inferior) e tendem a ENE-WSW, N-S e NW-SE. O seu comprimento varia de alguns metros a vários metros, de forma intermitente, com larguras de 2-30 mts e profundidades que variam de 10-30 mts. O Feldspato Potássico é o principal Feldspato que ocorre nesta região e tem componentes principais de SiO_2 na ordem dos 65-69%, K_2O entre 11-7% e Na_2O entre 1,5-2%.

3.13 ANÁLISE QUÍMICA DO FELDSPATO

Tabela 3.4: Concentração de elementos principais de Mineral de feldspato										
	35	**41**			**54**	**4**		**56**	**60**	**6**
SiO2	66.42	61.88	65.83	66.54	65.27	64.94	66.27	61.43	65.08	64.94
TÌO2	0.01	0.01	0.05	0.03	0.04	0.05	0.04	0.20	0.05	0.04
AI2O3	18.40	20.56	18.76	18.04	18.28	18.55	19.28	21.70	19.01	18.55
Fe2o3	0.10	0.04	0.10	0.09	0.10	0.16	0.10	0.50	0.06	0.16
MgO	0.05	0.03	0.10	0.01	0.10	0.12	0.10	0.25	0.04	0.12
CaO	0.22	0.18	0.35	0.04	0.35	0.16	0.35	0.70	0.14	0.16
Na2O	2.86	2.72	3.14	2.62	2.14	2.73	2.72	2.37	2.29	2.73
K2O	10.95	12.66	10.91	11.62	11.97	11.84	10.90	11.90	12.19	11.84
Total	**99.01**	**98.08**	**99.24**	**98.99**	**98.25**	**99.81**	**99.76**	**99.05**	**98.86**	**98.54**

Nota: 35, 41, 36, 32, 54, 45, 47, 56, 60 e 63 são os números das amostras de feldspato recolhidas.

3.14IMAGEM GOOGLE EARTH DE UMA MINA DE FELDSPATO EM FUNCIONAMENTO NO DISTRITO DE KAMAREDDY

Fig. 3.6: Imagem do Google de uma mina de feldspato em funcionamento em Peddamallareddy (N 18° 09'17.22", E 78° 28'03.12", Datum- WGS-84)

3.15 FIGURAS QUE REPRESENTAM UMA MINA DE FELDSPATO EM ACTIVIDADE NO DISTRITO DE KAMAREDDY

Fig. 3.7: 1) & 2) Escavadora a trabalhar numa mina de feldspato (N 18° 09'17.22", E 78° 28'03.12",Datum-WGS-84) na aldeia de Peddamallareddy, Bhiknoor Mandai, distrito de Kamareddy.

Fig. 3.8: 1) Escavadora a trabalhar numa mina de feldspato (N 18° 09'17.22", E 78° 28'03.12", Datum-WGS- 84) na aldeia de Peddamallareddy, Bhiknoor Mandal, distrito de Kamareddy. 2) Vista de perto de uma face de feldspato exposta numa mina em funcionamento.

3.16QUADRO 3.5 - GRAUS DIFERENTES DE FELDSPATO NO DISTRITO DE KAMAREDDY

O feldspato potássico é o feldspato dominante no distrito de Kamareddy. O material de feldspato potássico extraído da região de Kamareddy divide-se em três categorias, em função dos parâmetros abaixo referidos.

Grau	K_2O %	Na_2O %	Fe_2O_3 %	L %	Derretimento	Vidros	Pontos negros	Cor da conta
Classe A	> 110	> 2 0	< 0.10	75+	Bom	Bom	Nulo	Branco
Classe B	9-11	1.5-2	0.10-0.12	72-75	Parcial	Média	Traço	Branco baço
Classe C	7-9	1.3-1.5	0.12-0.15	70-72	Pobres	Pobres	Presente	Buff

L - Luminância/Brilho.

Fusão - Fusão de Feldspato a 12000C.

Vidrosidade - Glazeamento/Suavidade da pérola a 1200°C.

Pontos negros - Presença ou ausência de pontos negros na pérola.

3.17PROCESSAMENTO

A operação da mina será efectuada através de um método de extração mineira simples a céu aberto semi mecanizado. O material ROM (Run off Mine) de feldspato extraído será transferido para o pátio de estocagem, através de estradas de transporte e segregado em diferentes graus, usando peneiras de diferentes tamanhos e com a ajuda de trabalhadores. Os diferentes tipos de material seriam armazenados separadamente. Normalmente, o material de feldspato de qualidade A é vendido sob a forma de pedaços (20-100 mm) e aparas (3-10 mm). Se o material for vendido sob a forma de pó, os pedaços (20-100 mm) da mina serão transportados para o moinho de bolas mais próximo. O moinho de bolas é uma unidade de moagem, em que os meios de moagem são bolas de sílica (ou) bolas de alumina. Os moinhos de bolas operacionais seriam equipados com ímanes potentes (2400-1200 Gauss) para remover o excesso inerente de Fe_2O_3%. Dependendo da exigência do cliente, o produto final (pó) seria de 200 mesh (ou) 325 mesh. O produto final seria embalado em sacos de 500 kg (ou) sacos Jumbo (1.0 Ton (ou) 1.2 Tons) e transportado para os portos mais próximos para exportação.

3.18POTENCIAIS COMPRADORES - NACIONAIS E EXPORTADORES

O material de feldspato transformado da região de Kamareddy é comercializado tanto no mercado nacional como no mercado internacional. Os consumidores nacionais incluem indústrias cerâmicas como a RAK Ceramics (Samarlakota, perto de Kakinada, distrito de East Godavari), Aparna Ceramics (Samarlakota, perto de Kakinada, distrito de East Godavari), Johnson & Johnson Company (Karaikal, Pudicherry),

H&R Johson (Tiruchirappalli, Tamil Nadu), Silica Ceramics (perto de Tadepalligudem, distrito de West Godavari), Sentini Ceramics (Chiguru kota, distrito de Krishna) e Segno Ceramics (Vemavaram, distrito de Guntur). O feldspato de qualidade B é igualmente fornecido a algumas indústrias de cimento nos distritos de Guntur e Nalgonda.

3.19EXPORTAÇÕES

A exportação de feldspato é feita sob a forma de grumos e de pó (200 mesh (ou) 325 Mesh). Os principais exportadores são o Vietname, a Indonésia, a China, o Irão, a Coreia do Sul, a Malásia, a Indonésia, o Bangladesh e a Turquia. Atualmente, as exportações são efectuadas principalmente a partir de três portos principais, nomeadamente o porto de Krishnapatnam no distrito de S.P.S.R Nellore, o porto de Kakinada no distrito de East Godavari e o porto de Chennai. A partir de Chennai, as exportações são efectuadas a partir do porto de Chennai, gerido pelo Port Trust of India, e do Adani Kattupalli Port Private Limited (AKPPL), gerido pela Adani Ports and Special Economic Zone Limited (APSEZ) e promovido pelo grupo Adani. O porto de Kakinada é gerido pela Kakinada Sea Ports e o porto de Krishnapatnam é gerido pelo C.V.R Group, sediado em Hyderabad.

CAPÍTULO IV

INFLUÊNCIA E INTER-RELAÇÃO DOS DIQUES NOS DEPÓSITOS DE QUARTZO E FELDSPATO NA REGIÃO DE BHIKNOOR, DISTRITO DE KAMAREDDY, ESTADO DE TELANGANA

4.1 RESUMO

A região de Bhiknoor no distrito de Kamareddy, estado de Telangana, é dotada de uma variedade de recursos minerais, sendo os mais proeminentes os minerais de quartzo e feldspato. Sendo ricos em álcalis (K_2O+Na_2O na ordem dos 13-14%) e com uma percentagem de Fe_2O_3 inferior (menos de 0,10%), os minerais (quartzo e feldspato) desta região estão a ser extensivamente extraídos, transformados e transportados para diferentes utilizadores finais, tanto no mercado nacional como internacional. Os minerais de quartzo e feldspato são largamente utilizados nas indústrias da cerâmica e do vidro e, em menor medida, nas indústrias de massa de amassar e de cimento. Existem numerosas minas de quartzo e feldspato economicamente viáveis na região de Bhiknoor. De acordo com as informações recolhidas junto do diretor-adjunto das minas e da geologia, Kamareddy **(quadro 4.1)**, existem cerca de 6 minas de quartzo e feldspato em atividade e numerosos pedidos de arrendamento de pedreiras/locação para exploração mineira de minerais de quartzo e feldspato, o que indica uma enorme procura de minerais de quartzo e feldspato por parte deste sector. Várias organizações, tanto governamentais (TSMDC-Telangana State Mine Development Corporation) como privadas, como a Gimpex-Imerys Inida Private Limited, a Trimex Industries
Private Limited, Sibelco Asia Private Limited, Ceramin Inida Pvt.Ltd (uma unidade da RAK Ceramics), etc., têm estado ativamente empenhadas na exploração mineira, prospeção, exploração e prospeção de minerais de quartzo e feldspato na região de Bhiknoor. Embora existam vários indicadores para a localização de minerais de quartzo e feldspato, incluindo guias geobotânicos, os estudos revelam que o indicador mais proeminente é a ocorrência de diques básicos (intrusivos) na vizinhança de todas as minas viáveis de quartzo e feldspato, actuando assim como guias geológicos para a identificação de novas minas de quartzo e feldspato neste sector.

Palavras-chave: Região de Bhiknoor; Diques básicos; Quartzo; Feldspato; Massa de calhaus rolados: Guias Geológicos.

4.2 IN TRODUÇÃ O

A região de Bhiknnor está localizada entre as latitudes norte 18°08'00" e 18°14'00" e as longitudes leste 78°20'00" e 78°29'00" (Datum- WGS-84, Garmin make GPS), no Survey of India, mapa topográfico No.56 J/8 (**Fig. 4.1 & 4.2**). A área de estudo tem boas ligações ferroviárias e rodoviárias. A região de Bhiknoor é constituída pela aldeia fiscal de Bhiknoor e pelas aldeias vizinhas de Thippapur, Rameshwarapally, Baswapur, Peddamallareddy, Konapur, Lingampally, Mallupally, Malthummeda e Vellutla. Bhiknoor é uma aldeia fiscal no distrito de Kamareddy, no estado de Telangana. O distrito de Kamareddy é o 15° maior distrito do estado de Telangana, espalhado por uma área de 3.652,00 quilómetros quadrados (1.410,05 milhas quadradas) e foi esculpido a partir do antigo distrito de Nizamabad em 11-10-2016. Bhiknoor é delimitada a norte pelas aldeias de Kamareddy e Domakonda, a leste pelas aldeias de Bibipet e Dubbak, a sul pelas aldeias de Ramayampeta e Medak e a oeste por Medak e Rajampet, respetivamente **(Fig. 4.3)**.

Minerais de quartzo e feldspato economicamente viáveis estão a ser amplamente explorados em Rameshwarapally, Thippapur, Peddamallareddy, Baswapur, Konapur, Lingampally, Mallupally, Malthummeda e Vellutla e arredores. A tónica é colocada aqui na identificação da influência e inter-relação dos diques nos depósitos de quartzo e feldspato da região de Bhiknoor. Observou-se que os intrusivos/diques básicos, na sua maioria de composição dolerítica e alguns de composição gabróica, com tendência N-S, ENE-WSW e NW-SE, intruduzem em todos os tipos de rocha pré-existentes, maioritariamente tonalito/granodiorito/amelita, e estes diques básicos encontram-se predominantemente em torno de todas as minas de quartzo e feldspato.

4.3 - Quadro 4.1: Declaração com a lista das minas de quartzo e feldspato em atividade pertencentes ao O/o Asst.Diretor of Mines & Geology, Kamareddy, Estado de Telangana

Sl. Não.	Nome do titular do contrato de arrendamento	Localização			Extensão em Hectos		Período de aluguer
		Sy.No.	Aldeia	Mandal	Terrenos públicos	Patta.Land	
1	Sri B. Jagan Mohan Reddy	271/4, 5,6	Rameshwarpally	Bhiknoor		2.300	22-5-2002 a 21-05-2022
2	Sri B. Jagan Mohan Reddy	753	Thipapur	Bhiknoor		2.146	01-12-2003 a 30-11-2023
3	M/s. Trimex Industries (P) Ltd	994	Peddamallareddy	Bhiknoor	3.200		23-7-2003 a 22-07-2023
4	Sri Jangam Boranna	188	Lingampally	Lingampet	2.330		10-11-2006 a 09-11-2026
5	Sri G. Chandrashekar	38	althummeda	Nagireddypet	6.680		31-10-2005 a 30-10-2025
6	Srinivas	835/1	Vellutla	Yellareddy			28.06.2017 a 27.06.2037

REGIÃO DE BHIKNOOR TOPO MAPAS

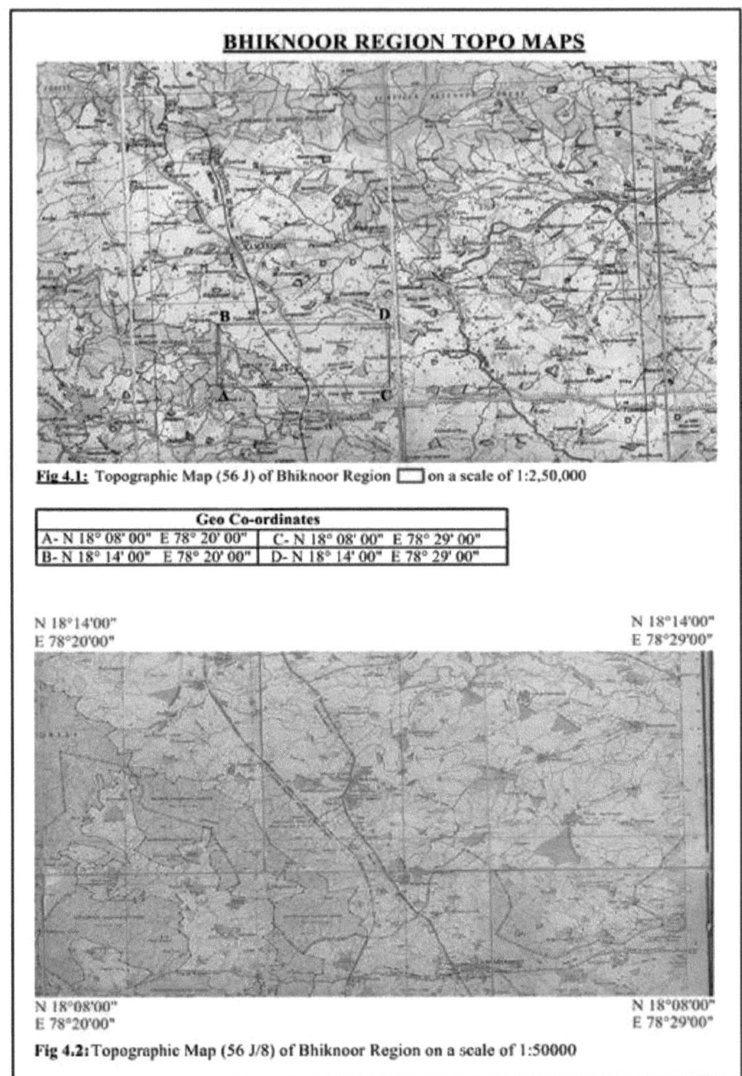

Geo Co-ordinates	
A- N 18° 08' 00" E 78° 20' 00"	C- N 18° 08' 00" E 78° 29' 00"
B- N 18° 14' 00" E 78° 20' 00"	D- N 18° 14' 00" E 78° 29' 00"

Fig. 4.1: Mapa topográfico (56 J) da região de Bhiknoor numa escala de 1:2,50,000
Fig 4.2: Mapa topográfico (56 J/8) da região de Bhiknoor à escala de 1:50000

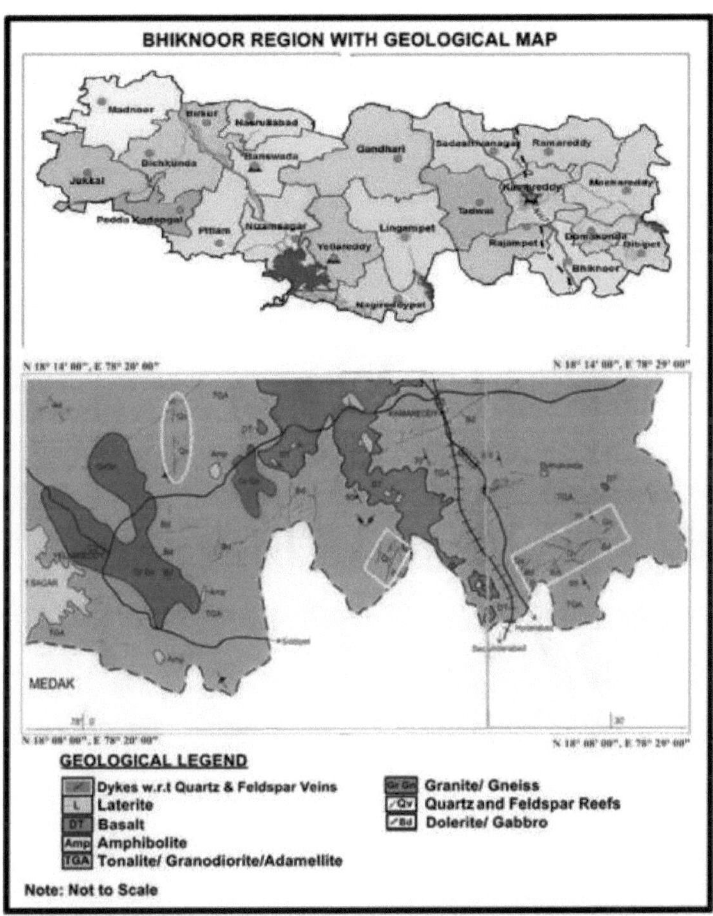

Fig 4.3: Inset|~~|mostra a localização da região de Bhiknoor. Mapa geológico da região de Bhiknoor com referência específica (w.r.t) aos Diques (Bd) e Veios de Quartzo-Feldspato (Qv) marcados como Como observado, os diques são notados, ocorrendo principalmente paralelos aos Veios de Quartzo-Feldspato.

DIQUES DA REGIÃO DE BHIKNOOR

BHIKNOOR REGION DYKES

Fig 4.4: Topographic Map (56 J/8/NE) of Bhiknoor Region on a scale of 1:25,000. Inset shows a Portion of the study area (Baswapuram- N 18° 09'19.3",E 78° 23'52.7") with the the adjacent dykes marked as Bd (N 18° 09'17.9", E 78° 23'43.7" & N 18° 09'22.0", E 78° 23'49.1", & N 18° 09'31.7", E 78° 23'38.0', Datum- WGS-84).

Fig 4.5: Exposure of Dolerite Dyke in Bhiknoor Region (N 18° 09'17.9", E 78° 23'43.7", Datum- WGS- 84, Garmin), very close to the existing Quartz and Feldspar Mine.

Fig 4.4: Mapa Topoqraphic (56 J/8/NE) da região de Bhiknoor numa escala de 1:25.000. O inseto |\-MDQV mostra uma porção da área de estudo (Baswapuram- N 18° 09'19.3",E 78° 23'52.7") com os diques adjacentes marcados como Bd (N 18° 09'17.9", E 78° 23'43.7" & N 18° 09'22.0", E 78° 23'49.1", & N 18° 09'31.7", E 78° 23'38.0", Datum-WGS-84).

Fig 4.5: Exposição do dique de dolerite na região de Bhiknoor (N 18° 09'17.9", E 78° 23'43.7", Datum- WGS- 84, Garmin), muito próximo da mina de quartzo e feldspato existente.

4.4 Sucessão geológica da região de Bhiknoor com referência específica aos Intrusivos Básicos (Bd) e Intrusivos Ácidos (Qv), ambos de idade proterozóica inferior.

Intrusivas Básicas (Bd) e Intrusivas Ácidas (Qv), ambas de idade Proterozóica Inferior

Tabela 4.2 - Sucessão geológica da região de Bhiknoor

ERA	INTRUSIVOS	LITOLOGIA
PLEISTOCENO		Laterita (L)
CRETÁCEO SUPERIOR A EOCENO INFERIOR	Armadilha de Deccan (DT)	Basalto
PROTEROZÓICO INFERIOR	**Ácido Intrusivo** **Intrusivas de base**	**Recife de Quartzo e Feldspato (Qv)** **Dolerite/gabro (Bd)**
ARQUEANO A PROTEROZÓICO INFERIOR		Tonalite/Granodiorite/ Adamellite
ARCHAEAN	Dharwar Super Group	Anfibolito
	Complexo gnáissico peninsular	Granito/Gneisse

4.5 <u>Geologia da região de Bhiknoor com relação específica aos diques dessa</u> região

Na região de Bhiknoor está exposta uma variedade de tipos de rochas pertencentes ao complexo gnáissico peninsular (Arqueano), rochas xistosas do Supergrupo Dharwar (idade Arqueano-Proterozóica), granátiodes e intrusivas ácidas e básicas mais jovens (Proterozoico inferior), armadilhas do Decão (Cretácico superior - Eocénico inferior) e laterite (Pleistocénico). O Complexo Gnáissico Peninsular, que ocorre como enclaves e resites, dentro dos granitóides mais jovens, é visto na região, principalmente em torno de Yellareddy e Lingampet (**Fig. 4.3**). Os gnaisses bandados e escarpados incluem tonalite, trondijhemite e granodiorito.

A tendência geral da foliação varia de NW-SE a NNW-SSE com mergulhos íngremes a sub verticais. As juntas / fracturas são reconhecidas ao longo das tendências NW-SE, N-S e NE-SW.

Todas as rochas acima referidas são profusamente intrudidas por granitos cinzentos ricos em potássio, intrusivos ácidos e básicos de idade proterozóica inferior. O granito cinzento é caracterizado pela predominância de feldspato potássico. O contacto entre os diferentes granitos é gradacional.

Os diques básicos, de idade proterozóica inferior, têm tendência N-S, ENE-WSW, NE-SW e NW-SE e intrudem em todos os tipos de rochas pré-existentes.

4.6 <u>Diques e sua inter-relação com a região de Bhiknoor -</u> Depósitos <u>de quartzo e feldspato</u>

Foi efectuada uma vasta gama de estudos na região de Bhiknoor, sobre os diques existentes, para compreender a influência e a inter-relação dos diques nas minas de quartzo-feldspato circundantes. Estes estudos incluem

- Identificação/Mapeamento da direção de ataque dos diques expostos, bem como dos veios de Quartzo-Feldspato adjacentes.
- Recolha de amostras, para determinação da idade dos filões de Quartzo-Feldspato e dos diques circundantes.
- Estudos de deteção remota e estudos de análise química indicam ainda que existe uma relação simultânea entre os diques e os depósitos de quartzo-feldspato da região de Bhiknoor.

Como pode ser observado nas minas de quartzo e feldspato existentes, a direção de ataque dos depósitos de quartzo-feldspato existentes varia de N-S, NE-SW, ENE-WSW a NW-SE. A direção de ataque da maior parte dos diques adjacentes coincide praticamente com a direção de ataque dos depósitos de quartzo-feldspato existentes na região de Bhiknoor (**Ref. Fig. 4.3**).

Os diques máficos são episódicos e generalizados na região de Bhiknoor e representam importantes marcadores de tensão e de tempo. Mostram uma vasta gama de eventos de intrusão ígnea, entre 2500 Ma e 1500 Ma. De acordo com os dados isotópicos disponíveis, a maioria dos diques básicos da região de Bhiknoor situa-se na faixa etária de 2200 Ma a 1700 Ma. Outro aspeto importante é o facto de não terem sido registados diques mesoproterozóicos e mais jovens nesta região, o que indica que os diques desta região, , estão quase em concordância com os depósitos de quartzo e feldspato desta região.

Estudos de deteção remota do Landsat, interpretação de fotografias aéreas e observações de campo revelam que os diques estão a atuar como indicadores geológicos para depósitos prospectivos/trabalháveis de quartzo e feldspato. Uma das razões é que tanto os diques como os depósitos de quartzo-feldspato pertencem à idade proterozóica inferior **(Ref. Tabela 4.2)**.

Um conjunto de zonas de cisalhamento sinistral paralelas, frágeis a dúcteis, NW-SE (**Fig. 4.3**), dentro do Tonalito/Granodiorito/Adamelita, revelam muitos eventos tectónicos, que estão intimamente associados às intrusões básicas. Também foi inferido que as colocações de diques foram correlacionadas com as intrusões de pegmatitos nas zonas de cisalhamento sinistral e nos tecidos do embasamento. O mecanismo de colocação destes diques nos depósitos de quartzo e feldspato é dilatacional através do preenchimento de fissuras frágeis, relacionado com a tectónica extensional periódica que afectou o Complexo Gneissico Peninsular. Estes diques apresentam um menor grau de contaminação crustal. Estes diques são maciços e de composição maioritariamente dolerítica, com exceção de alguns, que são gabróicos. Estes diques são de cor cinzenta escura, cinzenta esverdeada escura (ou) preta. São maioritariamente toleíticos, caracterizados por um teor rico em sílica e baixo em K_2O, Na_2O e MgO. Uma análise química típica de um dique desta região é apresentada de seguida (**Fig. 4.6**).

Bhagavathi Ana Labs Pvt. Ltd.

Plot No. 7-2/C 14, Industrial Estate, Sanathnagar, Hyderabad - 500 018. INDIA

TEST REPORT

Name & address of the Customer: Mr. Y. V. Sanjay Das, Block-1, Flat.No.202, SBC Prestine Place, Gajularamaram, Hyderabad -500055.	**Test Report No** : BALPL/18-19/TTD -0212 **Issue Date** : 06.06.2018 **Your Ref** : Nil **Ref Date** : 21.05.2018
Sample Particulars : Dyke Sample Identification Code : — Qty. : 1 No. x 500 gms. Packing : Plastic Cover Test Required : As per Customer Letter Dt: 21.05.2018	Date of Registration : 30.05.2018 Date of Commencement of Testing : 02.06.2018 Date of Completion of Testing : 06.06.2018 Sample Condition at receipt : Found ok **Sample Tested as received**

Sample collected and submitted by the customer **Page : 1 of 1**

Test Results

Sl. No	**Test parameters**	**Test Method**	**Unit of measurement**	**Results obtained**
1	Silica as SiO_2	IBM Manual	% by mass	45.44
2	Iron as Fe_2O_3	IBM Manual	% by mass	17.45
3	Alumina as Al_2O_3	IBM Manual	% by mass	15.34
4	Calcium as CaO	IBM Manual	% by mass	11.41
5	Magnesium as MgO	IBM Manual	% by mass	3.34
6	Sodium as Na_2O	IBM Manual	% by mass	2.34
7	Potassium as K_2O	IBM Manual	% by mass	0.63
8	Titanium as TiO_2	IBM Manual	% by mass	1.05

Verified by
(N.S.Ayyar)
Analytical Expert

Authorized Signatory
(B.Radha Kumari)
Technical Manager

B296727

Note: This Report is subject to the terms and conditions mentioned overleaf

Fig 4.6: Typical Chemical Analysis of a Dyke sample (N 18°09'17.9", E 78°23'43.7", Datum- WGS-84) collected from Bhiknoor Region Area.

Fig 4.6: Análise química típica de uma amostra de dique (N **18°09'17.9",** E 78°23'43.7", Datum- WGS-84) recolhida na área da região de Bhiknoor.

VISTA DOS DIQUES EXPOSTOS NA ZONA DA REGIÃO DE BHIKNOOR

Fig_4.7.1 Vista do dique exposto na região de Bhiknoor. 2) Observação da orientação do dique exposto e 3) Coordenadas GPS (N 18°09'17.9", E 78°23'43.7"), do dique exposto por GPS Garmin make, no plano de referência WGS-84.

VISTA DO DIQUE EXPOSTO E DO DEPÓSITO DE QUARTZO-FELDSPATO ADJACENTE

Fig 4.8:1) Dique exposto perto de uma mina (Baswapuram) com leituras (N 18°09'18.7", E 78°23'46.6", Datum- WGS-84), representadas no Inset (escala: 20 cm Martelo) 2) Leitura GPS (N 18°09'31.7", E 78°23'38.0", Datum- WGS-84, Garmin) de outro dique exposto. 3) Dique com flutuadores de quartzo e feldspato. 4) Vista mais próxima da mina de Feldspato e Quartzo (N 18°09'19.3", E 78°23'52.7", Datum- WGS-84).

VISTA DE UM DIQUE E DE UM VEIO DE QUARTZO ADJACENTE PERTO DA REGIÃO DE BHIKNOOR

Fig. 4.9: 1) Captura do traço e leitura GPS do dique exposto perto da região de Bhiknoor (perto da aldeia de Konapur). 2) Leitura GPS (N 18^{0}0645.03", E 78^{e}27'52.2", Datum- WGS- 84) do dique exposto. 3) Veia de quartzo exposta perto do dique acima.
4) Leitura GPS (N 18°06 28.4", E 78°28'01.6", Datum- WGS-84) do veio de Quartzo exposto.

VISTA DO DIQUE E DO DEPÓSITO ADJACENTE DE QUARTZO-FELDSPATO NA REGIÃO DE BHIKNOOR

Fig 4.10: 1) Afloramentos de diques perto de uma mina virgem (Thippapur) 2) Leituras GPS (N 18°11 '27.5", E 78°21 '25.8", Datum-WGS-84, Garmin make GPS) do dique exposto. 3) Dique com os afloramentos de quartzo adjacentes/Vein. 4) Vista de mais perto dos afloramentos de quartzo (N 18°11'27.9", E 78°21'24.8", Datum-WGS-84), em Thippapur.

4.7 Imagens do Google Earth de diques e minas de quartzo-feldspato da região de Bhiknoor

Fig 4.11: Mapa Google de uma mina da região de Bhiknoor (Baswapur) com os diques adjacentes assinalados.

Fig 4.12: Vista mais próxima da mina de quartzo e feldspato em Thippapur (N 18°11'27.9", E 78°21'24.8", Datum-WGS-84), com o dique adjacente (N 18°11'27.5", E 78°21'25.8", Datum-WGS-84).

4.8 Conclusão

A região de Bhiknoor, no distrito de Kamareddy, situada entre as latitudes norte 18°08'00" e 18°14'00" e as longitudes leste 78°20'00" e 78°29'00" e que inclui as aldeias de Bhiknoor, Rameshwarapally, Baswapur, Thippapur, Peddamallareddy, Lingampally, Mallupally, Konapur, Malthummeda e Vellutla, é dotada de uma variedade de recursos minerais, sendo os mais proeminentes os minerais de quartzo e feldspato. Existem numerosas minas de quartzo e feldspato economicamente viáveis na região de Bhiknoor. Várias organizações governamentais e empresários privados têm estado ativamente empenhados na exploração mineira, prospeção, exploração e prospeção de minerais de quartzo e feldspato na região de Bhiknoor. Embora existam vários indicadores para a localização de minerais de quartzo e feldspato, o indicador mais proeminente é a ocorrência de diques básicos (intrusivos) nas imediações de todas as minas viáveis de quartzo e feldspato, servindo assim de guia para a localização de novas minas de quartzo e feldspato neste sector. Uma vasta gama de estudos, que vão desde a direção de ataque, estudos isotópicos, dados de análise química e estudos de deteção remota, indicam uma relação estreita entre os diques e os depósitos de quartzo-feldspato da região de Bhiknoor. A tendência dos depósitos de quartzo e feldspato existentes varia entre NE-SW, ENE-WSW, N-S e NW-SE, o que quase coincide com a direção de ataque dos diques adjacentes. Para além da direção de ataque, de acordo com os dados isotópicos disponíveis, os intrusivos básicos (diques) e ácidos (veios de quartzo e feldspato) situam-se no intervalo de idade de 2200 Ma a 1700 Ma. Além disso, os diques desta região são maioritariamente tholeiitic, caracterizados por um conteúdo rico em sílica e baixo em K_2O, Na_2O e MgO. Além disso, os estudos de deteção remota do Landsat, a interpretação de fotografias aéreas e a observação no terreno revelam que os diques da região de Bhiknoor estão intimamente relacionados com os depósitos de quartzo e feldspato dessa região. Tendo em consideração todos os factores supramencionados, pode presumir-se que os diques que ocorrem na região de Bhiknoor funcionam como indicadores geológicos para a localização/identificação de novas áreas prospectivas para depósitos de quartzo e feldspato economicamente viáveis, que têm um elevado potencial de mercado nos sectores nacional e internacional.

CAPÍTULO V

UM BREVE RELATÓRIO SOBRE OS TRABALHOS DE EXPLORAÇÃO EFECTUADOS NA MINA DE MINA DE PEDDAMALLAREDDY DA M/S TRIMEX INDUSTRIES PRIVATE LIMITADA, NUMA EXTENSÃO DE 3,20 HECTARES, NA ALDEIA SY.NO: 994 DE ALDEIA DE PEDDAMALLAREDDY, BHIKNOOR MANDAL, DISTRITO DE KAMAREDDY

5.1 INTRODUÇÃO

A empresa M/s Trimex Industries Private limited detém um contrato de arrendamento de uma pedreira para **minerais de quartzo e feldspato**, na aldeia de Peddamallareddy, Bhiknoor mandal, distrito de Kamareddy. Decidiu-se realizar uma exploração pormenorizada na pedreira arrendada, de modo a compreender o comportamento dos minerais de quartzo e feldspato, bem como outros aspectos, no sector de Kamareddy.

5.2 LOCALIZAÇÃO E ACESSIBILIDADE

a) Detalhes do contrato de arrendamento da pedreira

Tabela-5.1: Detalhes da área de exploração	
i) Nome da mina	Mina de Quartzo e Feldspato de Peddamallareddy.
ii) Lat / long de qualquer ponto de fronteira	B.P-1: N180 09' 20.1" - E 780 28 ' 07.9" (WGS-84)
iii) Data de concessão do arrendamento	23-07-2003.
iv) Período / Data de expiração	22-07-2023.
v) Nome do locatário	M/s Trimex Industries Pvt. Limited.

b) Pormenores da área de arrendamento

Floresta (especificar) Divisão, Área de Distribuição, Área de Intervenção e Compartimento	**Área (ha)**	**Não-florestal**	**Área (ha)**
Floresta	Nulo	(i) Terrenos baldios do Governo,	3.20
		(ii) Terras de pastagem,	Nulo
		(iii) Terrenos agrícolas,	Nulo
		(iv)Outros	Nulo
Total	Nulo	Total	**3,20** ha

i)	**Área total arrendada Área**	3,20 ha
ii)	**Distrito e Estado**	Distrito de Kamareddy, Estado de Telangana
iii)	**Taluka / Mandal**	Bhiknoor
iv)	**Aldeia**	Peddamallareddy
v)	**Existência de estrada pública/linha de caminho de ferro, se houver distância**	A zona Q.L. está situada ao lado da B.T. entre Peddamallareddy e Esannapalle a uma distância de 2,0 km da aldeia de Peddamallareddy a sul e esta estrada B.T. junta-se à N.H-7 entre Rmamyampet e Bhiknoor, situada a

<table>
<tr><td></td><td></td><td colspan="3">uma distância de 8 km do arrendamento a uma distância de 6,5 km da QL. O aeroporto mais próximo situa-se em Shamshabad, a uma distância de 110 km da QL. O centro de saúde primário e o posto de polícia situam-se em Bhiknoor, a uma distância de 10 km da QL. Não existe qualquer fronteira distrital ou estatal num raio de 5 km da área de aluguer.</td></tr>
<tr><td rowspan="6">vi)</td><td rowspan="6">N.º da folha de cálculo com a latitude e longitude de todos os cantos e pilares</td><td colspan="3">Folha Toposhett do Instituto de Pesquisas da Índia (SOI) n.º: 56 / J 8 & 56 / J 12, Datum: WGS-84</td></tr>
<tr><td>B.P Não.</td><td>Latitude</td><td>Longitude</td></tr>
<tr><td>1</td><td>N18° 09' 20.1"</td><td>E78° 28' 07.9"</td></tr>
<tr><td>2</td><td>N18° 09' 16.7"</td><td>E78° 28' 08.8"</td></tr>
<tr><td>3</td><td>N18° 09' 13.9"</td><td>E78° 27' 56.6"</td></tr>
<tr><td>4</td><td>N18° 09' 17.3"</td><td>E78° 27' 55.7"</td></tr>
<tr><td>viii</td><td>Anexar um mapa de localização geral que indique a zona e as vias de acesso. É preferível que a zona seja assinalada num mapa topográfico do Survey of India, num mapa cadastral ou num mapa florestal, consoante o caso. No entanto, se nenhuma destas opções estiver disponível, a zona pode ser indicada num mapa administrativo do sítio .</td><td colspan="3">A área QL está assinalada na folha de topo n.º 56 / J8 e J12 da Survey of India e é anexada como placa n.º 1 (Fig. 5.5).</td></tr>
</table>

5.3: FIGURAS (Fig. 5.1-5.3) QUE REPRESENTAM OS TRABALHOS DE EXPLORAÇÃO EM PEDDAMALLAREDDY QUARTZO E FELDSPATO MI N E

Fig 5.1: 1) View of Exploration work carried out at the mine site. 2) Figure depicting the Compressor and Tractor used for DTH Pneumatic rig (4 ½ inch) drilling.

Fig 5.2:1) & 2) Vista da parede da mina exposta e do fundo do poço.

Fig 5.3:1) Figure depicting the exploration work being carried out by DTH Pneumatic (4½ inch) drilling. 2) View of Tripod stand used in DTH drilling.

5.4: IMAGEM GOOGLE EARTH DE PEDDAMALLAREDDY QUARTZO E FELDSPATO MI N E

Fig 5.4: Google Earth Image of Peddamallareddy Quartz and Feldspar Mine (N18° 09' 17.7", E78° 28' 05.0", Datum-WGS-84).

5.5 PORMENORES TÉCNICOS

5.5.1 Infra-estruturas e comunicação

Água: Existe água subterrânea suficiente nesta zona a uma profundidade de 50-60 m do nível normal do solo.

Eletricidade: A energia eléctrica está disponível a uma distância de mais de 500 m do lado norte.

Estradas: A zona de arrendamento da pedreira está bem servida por estradas e linhas de caminho de ferro. A estrada B.T. está disponível a 100m de distância e a autoestrada nacional (N.H-7) passa a 8 km da área e a capital do estado está localizada a 90 km da área de arrendamento.

Caminho de ferro: A estação ferroviária mais próxima situa-se a 7 km, em Bhiknoor, entre Secunderabad e Nizamabad, na Linha Ferroviária Central Sul.

Escola: Peddamallareddy é a aldeia mais próxima da zona de aluguer no que respeita a escolas.

Esquadra de polícia: A esquadra de polícia mais próxima situa-se em Bhiknoor, a 8 km da zona de arrendamento.

Ensino superior e hospital: As faculdades e os hospitais de empresas estão localizados em Hyderabad.

Aeroporto: O aeroporto mais próximo está situado em Shamshabad, Hyderabad, a uma distância de 110 km.

Comunicação: Todos os tipos de sistemas de comunicação por modem, como telefone, fax, correio eletrónico e Internet, estão disponíveis em Bhiknoor, a uma distância de 8 km do arrendamento da pedreira.

5.6 GEOLOGIA E PROSPECÇÃO

5.6.1 Fisiografia

i) **Padrão de drenagem:** Não existem cursos de água perenes e sazonais na área de aluguer e nas suas imediações. Peddamallareddy Cheruvu está localizado a uma distância de mais de 400 m da área de aluguer no lado norte. As águas pluviais superficiais correm através das encostas da área e juntam-se ao tanque. O esquema de drenagem é mostrado na Placa-1 (Fig. 5.5).

ii) **Vegetação:** A área de aluguer é um terreno pedregoso e não tem muita vegetação. Além disso, a área está coberta por poços de exploração, lixeiras e parques de armazenamento de minerais. Assim, não há hipóteses de crescimento de vegetação nesta área de aluguer.

iii) **Clima:** A região tem um clima tropical, com temperaturas máximas de 440°C durante o verão e mínimas de $^{12°C}$ no inverno.

iv) **Humidade:** Durante julho e setembro, a humidade é muito elevada, ultrapassando os 75% devido à monção. A humidade é baixa, com uma média de 25% a 30% nos meses secos de março, abril e maio.

v) **Ventos:** A direção normal do vento nesta área é de SW a NE com uma velocidade média de 6 a 12kts.

vi) **Queda de chuva:** A precipitação média desta zona é de 680 mm por ano.

5.6.2 Topografia: A área em causa pertence a um pequeno monte. O levantamento topográfico da área foi efectuado tomando a Darga como ABM (100 m). A área é elevada a SW e inclinada a NE. O relevo máximo da área de aluguer é de 8m (102 - 94 RL) de SW a NE da área de aluguer.

5.6.3 Geologia regional: A estratigrafia, exposta nesta região da área de estudo, pertence ao grupo de rochas Arqueanas, consistindo em gnaisse peninsular com pegmatite de quartzo e veios de feldspato. As rochas do complexo gnáissico peninsular estão expostas na região. São constituídas por gnaisse, anfibolitos com enclaves de metamorfismo mais antigo e com colocações de dolerite, pegmatite com quartzo e feldspato. O complexo granítico peninsular está exposto numa grande extensão no distrito de Kamareddy.

5.6.4 <u>Geologia da zona</u>: O tipo de rocha da área é constituído por Gneiss Granítico com emplacamentos Pegmatíticos. O Quartzo e o Feldspato são parte integrante deste padrão. Nesta área, a mineralização de Quartzo e Feldspato é formada por três veios paralelos na direção de ataque N-S com mergulho vertical. O veio de quartzo e feldspato formado no centro da área de aluguer é mais proeminente do que os veios oriental e ocidental. O veio oriental é maior do que o veio ocidental e o veio oriental está bloqueado por uma barreira de segurança de 50 m a ser mantida a partir de Darga, localizada no lado oriental da área de aluguer. A ocorrência mineral é vista a olho nu de cima para baixo dos poços de trabalho, que foram abertos na zona mineralizada da área de aluguer. A mineralização ocorreu numa extensão de 72m x 30m e a uma profundidade de 16m (max) no meio da área e 26m x 10m e a uma profundidade de 5m no lado oeste. Também se nota nas pedreiras de trabalho que o quartzo e o feldspato são minerais associados e que a mineralização continua a uma maior profundidade a partir do fundo do poço-1 e que a ocorrência mineral está encerrada a partir do fundo do poço-2. Através da perfuração de cinco furos DTH (10m a 27m de profundidade cada) na zona mineralizada, provou-se que os minerais (Quartzo & Feldspato) estão a ocorrer a uma profundidade de mais de 27m da superfície da área. O contacto entre os minerais e a rocha do campo é traçado a partir das faces da pedreira e também da superfície da área e o mesmo é transferido para o plano geológico de superfície da Placa-3 (Fig. 5.7).

<u>Quartzo</u>: O Quartzo e o Feldspato ocorrem como minerais associados nesta área. O Quartzo é branco, maciço e vítreo por natureza. Apresenta-se branco-avermelhado à superfície e torna-se branco leitoso depois de removida a pele desgastada. Tem dois conjuntos de juntas, ou seja, ao longo e através da direção de ataque

<u>Feldspato</u>: O feldspato é de cor rosa e cinzenta, de grão fino e de natureza vítrea.

<u>5011:</u> O solo vermelho com cascalho cobre a maior parte da área da QL com uma espessura de cerca de 1,5 m a 2 m na superfície em torno da cava de trabalho.

<u>Granito</u>: O granito está exposto acima da superfície como pedregulhos no meio e no lado SW da área de aluguer. É duro, compacto e de cor cinzenta.

5.6.5 Pormenores sobre a prospeção/exploração mineira já efectuada

O quartzo e o feldspato estão bem expostos no poço de trabalho-1, localizado no meio da área de arrendamento, com uma espessura de 16m, ou seja, até 82m RL. Considerando que a mineralização está fechada a uma profundidade de 5m da superfície do poço-2, os minerais continuam a uma profundidade adicional de 20m do fundo do poço-1. Os trabalhos em curso mostram que o quartzo e o feldspato desta área são economicamente viáveis para a exploração mineira. Para comprovar a persistência do mineral em profundidade, foram efectuados cinco furos DTH (sonda pneumática (4 polegadas) - **Ref. Fig. 5.1)** a uma profundidade de 20m a 27m cada em redor da cava-1. Os cortes dos furos de sondagem mostram que os minerais estão a ocorrer a uma espessura de 20m do fundo do poço de trabalho, ou seja, até 60m RL. As localizações dos furos de sondagem perfurados nesta área são mostradas na placa-3 (Fig. 5.7) como B.H-1 a B.H-5.

5.7 ESTIMATIVA DAS RESERVAS GEOLÓGICAS

5.7.1 Geometria do depósito

A formação de quartzo e feldspato está bem exposta no poço de trabalho-1, ao longo de um comprimento de 72m, a uma largura de 30m e a uma profundidade de mais de 16m da superfície, ou seja, até 82m RL. Mas os furos efectuados a partir do fundo do poço-1 mostram a ocorrência mineral até 60 m RL.

5.7.2 Método de estimativa das reservas

Com base no tipo de área e no modo de ocorrência, o depósito pode ser estratificado como Corpos Lenticulares de todas as dimensões, incluindo corpos que ocorrem em cadeia, Zonas Lineares Silicificadas de Veios Compostos. Assim, o depósito pode ser colocado na categoria III. Além disso, com base no levantamento topográfico pormenorizado, na cartografia geológica, na amostragem e à luz do valor-limite, os parâmetros são definidos em três eixos: geológico, de viabilidade e económico, como se indica a seguir:

a) Eixo Geológico

Com base no levantamento topográfico e nos dados recolhidos nos poços de trabalho da área Q.L., foi preparado um plano geológico de superfície à escala 1:1000, incluído na Placa-3 (Fig. 5.7). O quartzo e o feldspato ocorrem como um veio na direção N-S com um mergulho vertical na área. A ocorrência de minerais está provada a uma espessura de mais de 20m (até 60 m RL) a partir de cortes de furos e os trabalhos do ano anterior mostram que a ocorrência mineral nesta área é um grau comercializável. Assim, as reservas disponíveis até 60 m RL são consideradas no eixo G1.

i) Pesquisa geoquímica

As amostras recolhidas das perfurações mostram que os minerais desta área são de qualidade comercial.

ii) Levantamento geofísico

Não foi efectuado qualquer levantamento geofísico, uma vez que a ocorrência mineral é comprovada por furos de sondagem.

b) Eixo de viabilidade

Geologia local: Quartzo e Feldspato são mineralizados na direção de ataque N-S com mergulho vertical.

Quartzo e feldspato: Os minerais são formados como veios e encontrados com uma espessura de 20 m em cortes de furos de sondagem do fundo do poço de trabalho-1. Estes minerais têm importância económica no mercado atual. Os minerais são compactos e duros por natureza. Por isso, é necessário efetuar perfurações e explosões para a sua escavação. O quartzo branco é constituído por sílica elevada com baixo teor de ferro e alumina e o feldspato é constituído por potássio elevado do que a soda com baixo teor de ferro.

Exploração mineira: A atividade mineira foi iniciada pelo método de escavação a céu aberto com a ajuda de martelo pneumático, perfuração e detonação. O desenvolvimento foi efectuado através da remoção da sobrecarga, constituída por minerais intemperizados, da superfície.

Ambiente: A CE e a CFE foram obtidas para esta área de aluguer.

Infra-estruturas: A zona Q.L. está bem ligada à estrada B.T. e à N.H-7.

Comunicação: Todos os tipos de sistemas de comunicação modernos, como o telefone, o correio eletrónico e a Internet, estão disponíveis num raio de 2 km da área de arrendamento em Peddamallareddy.

Custeio, Capital, Operacional, Marketing, Relação Procura-Suprimento, etc

Custo de exploração: Os trabalhos mineiros nesta área apresentam o seguinte custo por tonelada de produção.

Cabeças	Custo em Rs por tonelada
Exploração mineira	160
Salários	5

Depreciação	5
Interesse	5
Royalties e impostos	110
Diversos	5
Total	**290**

O custo acima indicado é muito aproximado. Dependendo das condições do mercado, o custo acima indicado pode variar em conformidade.

Comercialização: Atualmente, existe uma boa procura de feldspato e de quartzo e não há qualquer problema de comercialização dos minerais desta zona.

c) **Eixo económico**

Exploração: A ocorrência mineral é vista com uma espessura de mais de 20 m a partir de cortes de furos de sondagem do fundo do poço de trabalho-1.

Graus de utilização final específica das reservas: As reservas minerais avaliadas neste ponto são úteis para as indústrias do vidro e da cerâmica. Tendo em conta os parâmetros acima referidos, pode ser atribuído ao eixo E o código "1".

5.7.3 Estimativa de reservas

Com base na informação obtida a partir das caraterísticas da superfície, dos poços existentes e dos dados dos furos de sondagem, foram desenhadas duas secções transversais (Ref. Fig. 5.7-Placa-3) com um intervalo de 50 m ao longo do corpo mineral. Utilizando as secções transversais, as reservas geológicas são estimadas pelo método das secções transversais no eixo G1. A área da secção transversal da zona mineral é multiplicada pela distância de influência da secção para obter o volume do mineral. O volume do mineral é multiplicado por 2,5 (fator de tonelagem) e pela percentagem de recuperação dos minerais (60% para o quartzo e 30% para o feldspato) para obter as reservas em toneladas. As reservas minerais são estimadas pelo método de secção transversal para as formações de veios orientais e centrais, conforme detalhado na tabela de fluxo.

Tabela-5.2 Reservas minerais no eixo G1

Secção	I.D (m)	Área mineralizada (m^2)	Volume da zona mineralizada (m^3)	TF	Reservas de Quartzo @60%	Reservas de feldspato @30%	Resíduos minerais @10%
A-A	43	1510	64930	2.5	97395	48698	6493
B-B'	65	1443	93795	2.5	140693	70346	9380
			158725		**238088**	**119044**	**15873**

Reservas totais de quartzo: **2.38.088 toneladas.**

Reservas totais de feldspato: **1.19.044 toneladas**

5.7.4 Categorização das reservas

a) **As reservas minerais são classificadas da seguinte forma**

Nível de exploração	**Reservas de Quartzo em toneladas**	**Reservas de feldspato em toneladas**
G1 - Exploração pormenorizada	238088	119044
G2 - Exploração geral	Nulo	Nulo

G3 - Prospeção	Nulo	Nulo
G4- Reconhecimento	Nulo	Nulo
Total Reservas geológicas	**238088**	**119044**

b) Reservas Minerais Bloqueio abaixo de 7,5 / 50 m Barreira e Bancos

Os minerais são formados por três veios paralelos em diferentes locais na parte oriental, na parte central e na parte ocidental da área de aluguer. O veio oriental está completamente bloqueado por uma barreira de 50 m, que deve ser mantida a partir de Darga. O veio ocidental está fechado a uma profundidade de 5m e não se estimam reservas deste veio. No entanto, as reservas minerais que serão bloqueadas na barreira de 7,5 m e na barreira de 50 m e sob bancos seguros nos lados norte e sul são estimadas pelo método volumétrico, conforme detalhado abaixo.

Bloqueio de quartzo em 7,5m: 260 m^2 Área x 30m Profundidade x 2,5 x 0,6 =11700 toneladas.

Bloqueio de feldspato em 7,5m: 260 m^2 Área x 20m Profundidade x 2,5 x 0,3 =5850 toneladas.

Bloqueio de quartzo em bancadas: 520 m^2 Área x 105m Comprimento x 2,5 x 0,6 =81900 toneladas.

Bloqueio de feldspato em bancadas: 520 m^2 Área x 105m Comprimento x 2,5 x 0,3 = 40950 toneladas.

Bloqueio de reservas em 50m

Bloqueio de quartzo em 50m do veio oriental: 828 m^2 Área x 38m Profundidade x 2,5 x 0,6 =47195 toneladas. Bloqueio de feldspato em 50m do veio oriental: 828m^2 Área x 38m Profundidade x 2,5 x 0,3 = 23598 toneladas. Bloqueio de quartzo em 50m do veio central: 178 m^2 Área x 30m Profundidade x 2,5 x 0,6 =8010 toneladas. Bloqueio de feldspato em 50m do veio central: 178m^2 Área x 30m Profundidade x 2.5 x 0.3 = 4005 toneladas

5.7.5 Codificação das reservas

Tabela 5.3: Codificação para Reservas				
Categoria	(1) Total de reservas minerais em toneladas	(2) Recursos não-mineráveis em toneladas (UNFC: 211)	(3) Explorável Reservas i em toneladas = (1 - 2)	Código UNFC
G1 Reservas de Quartzo	238088	148806	89282	111
Reservas G2 de Quartzo	-	Nulo	-	121
G3 Reservas de Quartzo	-	Nulo	-	333
Total	**238088**	**148806**	**89282** i	
G1 Reservas de felds.	119044	74403	1 44641 |	111
G2 Reservas de Felds.	Nulo	Nulo	1 Nulo	121
G3 Reservas de Felds.	Nulo	Nulo	Nulo	333
Total	**119044**	**74403**	1 **44641**	

5.7.6 **Classificação UNFC (United Nations Framework Classification)**

Tabela 5.4: Classificação UNFC (United Nations Framework Classification)				
Classificação		**Código UNFC**	**Quantidade de Quartzo (T)**	**Quantidade de feldspato (T)**
A. Reservas minerais				
1	Provado	111	89282	44614
2	Provável	121	---	-
		Total	**89282**	**44641**
B. Recursos remanescentes				
1	Viabilidade (Não-minerável)	211	148806	74403
2	Pré-viabilidade	221 & 222	-	-
3	Medido	331	-	-
4	Indicado	332		
5	Inferido (Possível)	333	-	-
6	Reconhecimento	334	-	-
Total (A+B)			**, 238088**	**119044**

5.7.7 **Extração de qualidade de mercado**: Com base na atividade mineira em curso, prevê-se que cerca de 60% do quartzo e 30% do feldspato de qualidade de mercado sejam extraídos da zona mineral in situ.

Reservas de Quartzo Comercializáveis e Mineráveis de Categorias Provadas: 89.282 toneladas

Reservas de Feldspato Comercializáveis e Mineráveis de Categorias Provadas: 44.641 toneladas

5.7.8 **Vida útil da mina:** Considerando uma produção média de 21.500 toneladas de Quartzo & 10.500 toneladas de Feldspato por ano, o tempo de vida da pedreira é= 133896 / 32.000 t = 3,7 ou 4 anos.

5.7.9 **Reservas Económicas Comercializáveis**: As reservas mineiras de categorias provadas de Quartzo são 89282 toneladas e Feldspato são 44641 toneladas de Reservas Comercializáveis.

5.8 MINERAÇÃO

5.8. Método de extração

Os trabalhos na pedreira foram propostos para serem efectuados pelo método de vazamento a céu aberto, com a ajuda de perfuração e detonação por martelo pneumático, desenvolvendo as bancadas até uma altura de 6m. Os trabalhos na mina foram efectuados a partir de dois poços de trabalho, localizados nas porções central e ocidental da área de arrendamento, pelo método de vazamento a céu aberto, com a ajuda de perfurações e explosões com martelo pneumático, desenvolvendo as bancadas a uma altura de 2m na B.O. e 8m na zona mineral. Os furos de martelo pneumático são perfurados a uma profundidade de 2m e dinamitados em três fases para desenvolver as bancadas de 6m de altura. O mineral dinamitado é carregado por uma escavadora para um trator e o ROM é transportado para o parque de estacas, localizado na área de arrendamento. Através de crivagem e recolha manual, o ROM é separado em quartzo e feldspato. Devido à exploração da pedreira, foram formados dois poços numa extensão de 4968 m^2 e 628 m^2 e a uma profundidade de 16 m e 5m, respetivamente, no Poço-1 e no Poço-

2. A ocorrência do mineral está comprovada até uma espessura máxima de 27m em cinco cortes de sondagens.

Com base na atual procura do mercado e na produção do ano anterior, propõe-se a produção de cerca de 21 500 toneladas de quartzo e 10 500 toneladas de feldspato por ano a partir do poço-1. O ROM desta pedreira será segregado como minerais vendáveis de Quartzo e Feldspato por peneiramento e por recolha manual. Os minerais segregados serão fornecidos às indústrias utilizadoras e às indústrias pulverizadas, localizadas no estado de Telangana e arredores.

5.8.2 Beneficiação (se necessário)

Com exceção da crivagem para separação do mineral vendável e dos resíduos do ROM, não será efectuada qualquer beneficiação no local da mina para a produção de quartzo e feldspato. O material peneirado de qualidade vendável será fornecido às indústrias utilizadoras, como o vidro, as fundições, a cerâmica e as indústrias pulverizadas. Os resíduos minerais gerados pelo peneiramento serão transferidos para o depósito de resíduos.

5.8.3 Perfuração e decapagem

A perfuração e a explosão são necessárias para a escavação dos minerais de quartzo e feldspato. Assim, o trabalho de detonação é confiado ao empreiteiro, que possui a licença de explosivos. Os furos de perfuração serão efectuados com martelos pneumáticos em duas fases, mantendo o espaçamento e a carga a 2m x 1,0m e a uma profundidade de 3m. Estes furos de perfuração serão carregados com explosivos de baixa resistência à base de lama e ANFO de 2kgs. O material dinamitado será carregado num trator com carrinho, utilizando uma escavadora. Os parâmetros de detonação são pormenorizados a seguir.

Tabela n.º 5.5 - Parâmetros de granalhagem			
S.N.	**descrição**	**Unidade**	**Quantidade**
1	P odução por ano	Toneladas	32,000
2	P odução por dia	Toneladas	32,000/ 300 = 107
3	ritmo e carga	m	2.0 x 1.5
4	Profundidade de cada furo	m	3.0
5	Rendimento de cada furo	toneladas	2,0m x 1,0 m x 3m x 2,5= 15 ton
6	N de furos necessários /dia	Não	107 / 15 =7,1 ou 7
7	taxa por furo	Kg / furo	2
8	Fator de potência	t/kg	15 / 2 = 7.5
9	total de explosivos necessários/dia	kgs	7 x 2 = 14

5.9 Produção proposta para os cinco anos seguintes (2017-18 a 2022-23, ou seja, até 22-07-2023)

5.9.1 Desenvolvimento anual para o período de cinco anos subsequente (2017-18 a 2022-23):

Os trabalhos foram efectuados através do desenvolvimento de duas ou três bancadas a partir da cava principal, ou seja, a cava-1, removendo separadamente a sobrecarga até uma espessura de cerca de 1 m a 1,5 m da superfície. Propõe-se desenvolver o poço-1 existente em quatro bancos na carga lateral e seis bancos na zona mineral. Uma vez que o poço-1 atingiu uma profundidade de 16m (Max), a carga lateral tem de ser escavada em rocha rural para a formação de bancos seguros em ambos os lados do poço-1 durante os primeiros três anos do período do projeto.

O desenvolvimento anual é pormenorizado abaixo e os trabalhos anuais são mostrados na placa-5 (Fig. 5.9).

Ano 2018-19: A carga lateral será escavada nas quatro bancadas superiores de 4m a 6m no lado SW e SE do poço-1 existente entre os RLS de 98-94m, 94-88, 88-82 e 82-76 para obter a produção de quartzo e feldspato das bancadas 1 st, 2 nd, 3 rd e 4 th em uma extensão de 1680 a 840 m ^{2} e obteve cerca de 24888 m ^{3} de carga lateral neste ano.

Ano 2019-20: Neste ano, as três bancadas de S.B. dos trabalhos do ano anterior serão avançadas para Norte numa extensão de 790 m^2 sem alterar a orientação e os FRLs das bancadas. Com este desenvolvimento, serão obtidos cerca de 10308 m^3 de carga lateral neste ano. Os trabalhos de desenvolvimento por ano são apresentados na placa-5 (Fig. 5.9).

Ano 2020-21: Neste ano, a 4.ª bancada dos trabalhos do ano anterior será avançada para leste e oeste na carga lateral entre o RLS de 76-70m numa extensão de 434 m^2 sem alterar a orientação das bancadas. Com este desenvolvimento, serão obtidos cerca de 2604 m^3 de carga lateral neste ano. Os trabalhos de desenvolvimento por ano são apresentados na placa-5 (Fig. 5.9). Não é necessário qualquer desenvolvimento separado durante 2021-22 e 2022-23.

Quadro 5.6 - Evolução anual

Ano	N.º da bancada e respectiva FRL $^{(m)}$	Área de trabalho (m^2)	Altura da bancada $^{(m)}$	Produção de resíduos (m^3)
2018-19	1) 98-94	1430	4	5720
	2) 94-88	1628	6	9768
	3) 88-82	1680	6	10080
	4) 82-76	840	6	5040
			Total	**24888**
2019-20	2) 94-88	790	6	4740
	3) 88-82	628	6	3768
	4) 82-76	300	6	1800
				10308
2020-21	5) 76-70	434	6	**2604**
2021-22 & 2022-23				**NIL**
			Grande. Total	**37804**

Quadro 5.7: Quantidades de produção de quartzo e feldspato por ano

Ano	Banco N.º & FRLS (m)		**Escavação** Área (m^2)	Banco Altura **(m)**	Volume **ROM** (m^3)	**Fator de** tonelagem	**Produção (toneladas)** **Quartzo** @ 60%	Feldspato @30%	**Mineral** Resíduos @ **10% (m^3)**
2018-19	2)	94-88	120	6	720	2.5	1080	540	72
	3)	88-82	890	6	5340	2.5	8010	4005	534
	4)	82-76	1360	6	8160	2.5	12240	6120	816
					14220		21330	**10665**	1422
2019-20	3)	86-82	1270	6	7620	2.5	11430	5715	762
	4)	82-76	1120	6	6720	2.5	10080	5040	672
					14340		21510	**10755**	1434
2020-21	4)	82-76	1658	6	9948	2.5	14922	7461	995
	5)	76 -70	730	6	4380	2.5	6570	3285	438
					14328		**21492**	**10746**	**1433**
2021-22	5)	70 -64	320	6	1920	2.5	2880	1440	192
	6)	64-60	280	4	1120	2.5	1680	840	112
					3040		4560	2280	304
2022-23		NIL			NIL		NIL	NIL	NIL
					Total geral		68892	**34445**	4593

5.9.2 Produção por ano para os cinco anos seguintes (2018-19 a 2022-23)

O quartzo e o feldspato são minerais associados e a zona mineralizada está exposta a uma espessura de 16 m na cava-1 e está provada a uma espessura de mais de 20 m a partir do fundo da cava. O poço de trabalho-1 será desenvolvido simultaneamente através da escavação de cargas laterais e bancadas de produção. Assim, durante este período do projeto, a produção será obtida através da escavação das bancadas do fundo do poço-1. O ROM escavado será carregado num trator e transportado para o parque de minério. O ROM será separado em minerais vendáveis e resíduos por peneiramento. Os materiais vendáveis serão carregados em camiões alugados e serão fornecidos às indústrias utilizadoras ou às indústrias pulverizadas.

5.9.3 Quartzo e feldspato Produção anual

Ano 2018-19: Neste ano, os trabalhos serão realizados no lado sul do poço-1 existente para a produção de minerais, escavando três bancos de 6m de altura, entre os RLS de 94-88m, 88-82 e 82-76 numa extensão de 120 m^2 a 1360 m^2 para a produção de quartzo e feldspato, respetivamente. O ROM escavado será separado como mineral vendável e resíduo por triagem e recolha manual. A partir destas escavações serão produzidas cerca de 21330 t de quartzo, 10665 t de feldspato e 1422 m^3 de resíduos minerais.

Ano 2019-20: Neste ano, as bancadas de produção 3rd e 4th dos trabalhos do ano anterior serão avançadas para norte na zona mineral numa extensão de 1270 m^2 sem alterar o RLS (88-82 & 82-76) e a orientação das bancadas. O ROM escavado será separado como mineral vendável e resíduos manualmente e por peneiramento. A partir destes trabalhos serão gerados cerca de 21510 t de quartzo, 10746 t de feldspato e 1434 m^3 de resíduos minerais.

Ano 2020-21: Neste ano, serão escavadas as bancadas inferiores da 4.ª e da 5.ª (76-70m e 70-64m RLs) numa extensão de 1658 m^2. O ROM escavado será separado como mineral vendável e resíduo manualmente e por peneiramento. Destes trabalhos serão gerados cerca de 21492 t de quartzo, 10746 t de feldspato e 1433 m^3 de resíduos minerais.

Ano 2021-22: Neste ano, a face norte do banco 5 th (70-64m RLs) dos trabalhos do ano anterior será avançada para norte na zona mineral numa extensão de 320 m^2 para a produção de quartzo e feldspato. Depois disso, a 6ª bancada será escavada numa extensão de 280 m^2 entre os RLS de 64-60m. O ROM escavado será separado como mineral vendável e resíduo manualmente e por peneiramento. A partir destes trabalhos serão gerados cerca de 4560 t de quartzo, 2280 t de feldspato e 304 m^3 de resíduos minerais.

Ano 2022-23 (ou seja, até 22-07-2023): NIL

5.10HOMENS E MÁQUINAS

Para atingir o objetivo de produção, será nomeada a seguinte mão de obra na pedreira

Tabela 5.8 - Força humana necessária		
S. Não	**Descrição**	**Não. Pessoas**
1	Diretor de minas e engenheiro de minas	1
2	Encarregado	1
3	Qualificados (Operadores)	4
4	Semi-qualificado	4
5	Não qualificado	10
6	Total geral	20 Números

Para atingir a produção pretendida, são necessárias as seguintes máquinas:

Tabela 5.9 - Necessidade de maquinaria		
Máquinas	**Quantidade**	**Quantidade**
1	Carro de tração com 3 toneladas de capacidade	3 Nºs
2	Escavadoras hidráulicas 200 Lc	1 Não
3	Compressor - 120 cfm	1 Nºs
4	Brocas de martelo pneumático	2 Nºs
5	Cisterna de água 3000 Ltrs	1 Não

5.11 Pormenores sobre o parque de existências, as existências não vendáveis, as lixeiras, os serviços no local e o paiol de explosivos, etc.

i) Armazém de minério: O ROM desta mina será armazenado no lado leste da área de arrendamento e será segregado como quartzo, feldspato e resíduos minerais por peneiramento ou por colheita manual. Os minerais separados serão carregados em camiões alugados e transportados para as indústrias utilizadoras. O parque de armazenamento de minerais existente será utilizado e a sua localização é mostrada na placa-2.

ii) Lixeiras para resíduos minerais não comercializáveis e resíduos de rocha:

Através da crivagem e da preparação do ROM, os minerais vendáveis e os resíduos minerais serão separados. Os minerais vendáveis serão fornecidos às indústrias utilizadoras e os resíduos minerais de quartzo e feldspato serão armazenados separadamente. A localização proposta para o depósito de resíduos é mostrada na placa 2 (Fig. 5.6).

Depósito de resíduos minerais: Durante o período de cinco anos que se segue (2018-19 a 2022-23), serão gerados cerca de 4593 m^3 de resíduos minerais e 37804 m^3 de rochas residuais provenientes da atividade mineira. O total de 42397 $m^{(3)}$ ^de^ resíduos será empilhado no lado ocidental da cava-1, ou seja, adjacente à antiga lixeira, numa extensão de 4244 m^2 e a uma altura de 12 m durante o período do projeto.

Depósito de resíduos de rocha: Durante o período de cinco anos que se segue (2018-19 a 2022-23), serão gerados cerca de 42397 m^3 de resíduos de rocha da atividade mineira. Os resíduos de rocha serão armazenados junto à antiga lixeira, localizada no lado oeste da cava de trabalho-1, numa extensão de 4244 m^2 e a uma altura de 12m. A localização proposta para o depósito de resíduos é mostrada na placa-2 (Fig. 5.6).

iii) Serviços no local:

Os serviços do estaleiro, como o escritório, os primeiros socorros e a sala de repouso, foram construídos junto à área de aluguer, no lado norte. A localização dos serviços no local é mostrada na placa-2 (Fig. 5.6).

iv) Revista Explosive:

Para a escavação de quartzo e feldspato, é necessário efetuar perfurações e explosões, mas o proprietário da mina não dispõe de licença de explosivos e os trabalhos de detonação são subcontratados a uma agência privada que dispõe de licença de explosivos.

5.12 ANÁLISE DO MERCADO

O quartzo e o feldspato produzidos nesta área serão vendidos localmente a indústrias de vidro, fundições, ferro e aço e cerâmica, localizadas em Telangana e arredores. Existe uma boa procura de feldspato e quartzo no mercado internacional.

5.13 PLANO DE GESTÃO DE RESÍDUOS

5.13.1 Medidas a adotar para os resíduos sólidos:

Durante o período de cinco anos que se segue (2018-19 a 2022-23), serão produzidos cerca de

42397 m^3 de resíduos. Os resíduos sólidos serão armazenados junto à antiga lixeira, no lado oeste, numa extensão de 4244 m^2 e a uma altura de 12m. As lixeiras serão estabilizadas através da construção de um muro de contenção e de um dreno de guirlanda em torno da base da lixeira no lado oeste. A localização do muro de contenção proposto é mostrada na placa-5 (Fig. 5.9).

5.13.2 Resíduos líquidos (medidas de controlo do escoamento das descargas de resíduos):
Os resíduos líquidos são principalmente água de escoamento durante a monção a partir da face da pedreira. A chuva que drena os fragmentos de rocha expostos e os depósitos de resíduos na pedreira é suscetível de ser incorporada como sólidos em suspensão no escoamento. A infiltração dessa água no lençol freático pode causar poluição das águas subterrâneas. Para evitar esta situação, é necessário tornar a água que sai da lixeira isenta de sedimentos, fazendo-a passar por uma série de tanques de decantação em locais vulneráveis. Uma vez que o quartzo e o feldspato não contêm minerais tóxicos, o problema da toxicidade da água não existirá.

5.14PLANO DE GESTÃO AMBIENTAL

5.14.1 Informações sobre a linha de base

i) Padrão de utilização do solo existente: A área em causa é um terreno baldio. Os terrenos circundantes, situados nos lados oriental, ocidental e meridional da zona, são igualmente terrenos baldios. O lado NW adjacente à área de aluguer é utilizado para agricultura. Não existem outras pedreiras/locais de exploração de pedreiras num raio de 500 metros da área de aluguer. O padrão atual de utilização dos terrenos da área de concessão é apresentado em pormenor na Tabela 5.10.

Tabela 5.10 - Padrão de uso do solo	
Descrição	**Extensão da área utilizada (Ha)**
Exploração de pedreiras (poços existentes)	0.5596
Depósito de resíduos	0.5042
Depósito de resíduos minerais	0.1616
Estaleiro Mineral	0.2003
Estrada	0.1566
Infra-estruturas	Nulo
Cintura verde (agricultura)	Nulo
Total	**1,5823 Ha**

(ii) Regime hídrico:
As águas superficiais desta área fluem através das encostas da área em épocas chuvosas e drenam para um tanque localizado no lado norte do arrendamento a uma distância de mais de 400m. Não existem cursos de água perenes ou sazonais na área de aluguer. A água subterrânea é identificada em poços localizados no lado NW da área de aluguer a uma profundidade de 40-50 m do nível normal do solo.

(iii) Flora e Fauna:
Uma vez que a zona Q.L. é um terreno baldio pedregoso, não se encontra flora nesta zona. Há hipóteses de coelhos e répteis viverem nesta zona.

(iv) Qualidade do ar, nível de ruído ambiente e água:
Existe a possibilidade de poluição atmosférica devido à atividade mineira na altura da perfuração, explosão e transporte de minerais. No entanto, os níveis de ruído situar-se-ão dentro dos limites permitidos. Não há riscos de poluição da água, uma vez que não são

descarregadas águas de minas a partir dos trabalhos da pedreira.

(v) Condições climáticas:

A região é caracterizada por um clima tropical com um verão quente e opressivo, um inverno ameno e uma precipitação anual de 680 mm. O verão decorre de abril a maio, com uma temperatura máxima que atinge os $^{44°C}$, a monção começa em junho e termina em setembro e o inverno decorre de outubro a fevereiro, com uma temperatura mínima entre 12°C e $^{15°C}$.

(vi) Assentamento humano:

As aldeias importantes presentes num raio de 5 km da área de aluguer são apresentadas na placa 1 (Fig. 5.5). Não existem povoações humanas dentro e à volta da área de aluguer e a aldeia mais próxima, peddamallaareddy, está situada a uma distância superior a 2 km.

(vii) Edifícios, locais e monumentos públicos:

Não existem na zona edifícios públicos, locais de culto importantes e monumentos. O locatário tomará todas as precauções para proteger a propriedade privada situada nas imediações da área de aluguer.

5.14.2 Avaliações de impacto ambiental

i) Degradação do solo: Os trabalhos propostos serão efectuados a partir do fundo do poço-1 existente.

Para obter a largura total do mineral, será escavada a carga lateral nos lados SE e SW e a oeste da cava-1. Devido à atividade mineira proposta, a área será ainda mais degradada durante o período de vigência deste regime, como se descreve a seguir. Estima-se que, durante este período, serão utilizados 1,0284 hectares para actividades mineiras e conexas, para além dos terrenos já utilizados para a atividade mineira. O padrão de utilização das terras da zona de aluguer durante este período de regime é apresentado em pormenor no Quadro 5.11.

Tabela 5.11 - Padrão de utilização da degradação do solo

Descrição	**Área necessária para o período do regime (ha)**
Exploração de pedreiras	0.2220
Depósito de resíduos	0.4244
Estrada	-
Stock de minerais	-
Infra-estruturas	-
Cintura verde	0.3600
Muro de contenção e dreno de Garland	0.0220
Total	**1,0284 Ha**

ii) Qualidade do ar: A atividade proposta para a pedreira envolve a escavação de minerais com perfuração e detonação. Assim, o ar será ligeiramente poluído aquando da perfuração, da explosão e do transporte de minerais. A qualidade do ar ambiente será mantida dentro dos limites permitidos através do fornecimento de coladores de pó no local de perfuração e da pulverização de água nas estradas da mina a intervalos regulares.

iii) Níveis de ruído: O ruído gerado pelas máquinas e veículos será mínimo. A maquinaria será mantida em bom estado. Os níveis de ruído serão mantidos dentro dos limites prescritos de 80 dB, através do funcionamento da maquinaria em diferentes aparas.

iv) Níveis de vibração: Devido ao facto de os furos do martelo pneumático serem feitos a uma profundidade de 3 m, não haverá muitas vibrações no solo na área de aluguer.

v) **Economia social:** As aldeias locais dependem principalmente da agricultura. Devido à atividade mineira, cerca de 20 pessoas obterão emprego direto na atividade mineira e outros 10 membros obterão emprego indireto no transporte do material para as indústrias.

5.14.3 Gestão do ambiente:

i) **Utilização temporária de solo superficial:** A área de aluguer é formada pelo solo misturado com cascalho à volta da zona mineralizada. Assim, não será gerado solo superior separado a partir desta pedreira.

ii) **Proposta de recuperação de terrenos afectados pelas actividades mineiras:** Durante o período de cinco anos que se segue (2018-19 a 2022-23), cerca de 0,2220 Ha de área será escavada a uma profundidade máxima de 28 m do poço-1 para obter 68892 t de quartzo e 34445 t de feldspato. Até o fim da vida da mina, o trabalho da mina cobrirá uma área de cerca de 0,7816 Ha a uma profundidade de 38 m (Max). Os depósitos de resíduos cobrirão uma área de 0,9286 Ha. Mas as escombreiras serão recuperadas, utilizando os resíduos para o enchimento dos poços trabalhados. Uma vez que o mineral está esgotado no poço-2, a área trabalhada de 628 m^2 será preenchida e parte do poço trabalhado No.1 será preenchido numa extensão de 0,3450 Ha a uma profundidade média de 19m (38m Max) no lado Norte. O restante poço n.º 1 será utilizado para a recolha de águas pluviais.

Quadro 5.12: A degradação e a recuperação de terras são pormenorizadas a seguir					
Ano 2020-21	**Zona minada no início** 0,7188 Ha	**Área adicional necessária para trabalhar no ano** 0,0434 Ha	**Área total (ha)** 0,7622 Ha	**Recuperação no ano** Nulo	**Área extraída no final do ano** 0,7622 Ha
2021-22	0 7622 Ha	Nulo	0,7622 Ha	Nulo	0,7622 Ha
2022-23	0 7622 Ha	Nulo	0,7622 Ha	0,3450 Ha	0,4172 Ha

5.14.4 Programa de florestação anual, indicando o número de plantas com nomes de espécies a florestar e a extensão da área

A barreira de 7,5 m da área arrendada será utilizada para o desenvolvimento da cintura verde e serão tomadas precauções para proteger as plantas. Propõe-se a plantação de árvores de grande porte nos lados norte, leste, sul e oeste da área arrendada. O quadro seguinte mostra o desenvolvimento da cintura verde por ano
e o mesmo é ilustrado na placa-5 (Fig. 5.9).

Quadro 5.13 - Programa de arborização proposto (por ano)				
Ano	**Nome da planta**	**Número de plantas**	**Espaçamento**	**Área abrangida (m^2)**
2018-19	Espécies nativas	80	9x9 mts.	120 x 6: 720
2019-20	Espécies nativas	80	9x9 mts.	120 x 6: 720
2020-21	Espécies nativas	80	9x9 mts	120 x 6: 720
2021-22	Espécies nativas	80	9x9 mts	120 x 6: 720
2022-23	Espécies nativas	80	9x9 mts	120 x 6: 720
Total		400		3600 m^2

5.14.5 Estabilização e vegetação de lixeiras juntamente com a gestão de lixeiras Ano a ano

Os pormenores relativos à produção de resíduos por ano são apresentados no quadro 6 e no quadro 7. Serão produzidos cerca de 42397 m^3 de resíduos. Estes resíduos serão depositados junto às lixeiras existentes no lado ocidental. Uma vez que as lixeiras estão activas, não se propõe qualquer plantação nos taludes das lixeiras. No entanto, as lixeiras serão estabilizadas através da construção de um muro de contenção e de drenos de guirlanda, como se mostra na placa 5, numa extensão de 0,4244 ha, como se mostra na Tabela 5.14

Tabela 5.14: Estabilização e gestão de lixeiras de acordo com o ano

Ano	Área de despejo no início	Área adicional necessária para o dumping do ano	Área total (ha)	Recuperação de lixeiras no ano	Escareação da zona de despejo no final do ano
2018-19	0 5596 Ha	0,2630 Ha	0,6954 Ha	0,0628 Ha	0,6326 Ha
2019-20	0 6326 Ha	0,1180 Ha	0,7506 Ha	Nulo	0,7506 Ha
2020-21	0 7506 Ha	0,0404 Ha	0,7910 Ha	Nulo	0,7910 Ha
2021-22	0 7910 Ha	0,0030 Ha	0,7940 Ha	Nulo	0,7940 Ha
2022-23	0 7940 Ha	Nulo	0,7940 Ha	0,794 Ha	Nulo

vi) Medidas para controlar a erosão/sedimentação dos cursos de água: A água que sai da pedreira será desassoreada antes de entrar no curso de água, passando-a por um tanque de assoreamento. Serão construídas barragens de controlo nos locais necessários para controlar o fluxo de sedimentos para as massas de água. A água dos tanques será controlada regularmente quanto ao teor de sedimentos.

vii) Tratamento e eliminação das águas das minas:

A água que drena as faces da pedreira e as lixeiras será canalizada através de um único ponto onde será escavado um tanque de assoreamento. O lodo transportado das faces das lixeiras será depositado neste tanque de assoreamento e a água livre de lodo será passada para o ambiente circundante. Neste caso, não é necessário qualquer tratamento das águas residuais, uma vez que não há qualquer atividade química envolvida durante a produção.

viii) Medidas para minimizar os efeitos adversos no regime hídrico:

O regime de águas superficiais e subterrâneas não será afetado por esta operação de pedreira, porque os trabalhos serão realizados a uma profundidade de 38m da superfície da área. Serão tomadas todas as medidas para proteger os nalas naturais que correm na área adjacente. Nenhuma água subterrânea será afetada.

ix) Proteção contra as vibrações do solo:

Não serão geradas vibrações no solo devido à detonação dos furos de martelo pneumático.

x) Medidas de proteção dos monumentos históricos e de reabilitação dos aglomerados humanos susceptíveis de serem perturbados pela atividade mineira:

Não existem monumentos históricos num raio de 5 km e não se coloca a questão da sua proteção. O arrendatário tomará todas as precauções para proteger a propriedade privada, localizada nas proximidades da área.

xi) Benefícios socioeconómicos resultantes da exploração mineira:

O projeto terá um impacto positivo nas condições socioeconómicas da população da zona, uma vez que serão criados postos de trabalho para 20 pessoas que trabalharão diretamente na atividade mineira e cerca de 10 pessoas obterão emprego indireto no transporte do mineral. O Governo do Estado e o Governo Central serão beneficiados através da cobrança de royalties, impostos e taxas.

xii) Serviços no local: Os serviços do local foram fornecidos adjacentes à área de aluguer.

xiii) Outras informações: A atividade mineira será levada a cabo sistematicamente de acordo com o plano de pedreira aprovado e serão tomadas todas as precauções para proteger o ambiente.

xvi) Garantia financeira:

A garantia financeira sob a forma de garantia bancária foi apresentada à ADMG, Kamareddy, no valor de 100 000 euros. O patrono da utilização dos terrenos para este arrendamento de pedreira é apresentado em pormenor no quadro 5.15

Tabela 5.15: Padrão de uso do solo

Cabeça	Área utilizada no início do regime	Área adicional necessária para o período do projeto (ha)	Área total (ha)	Área considerada como totalmente recuperada e reabilitada (ha)	Superfície líquida considerada para o cálculo
1. Zona mineira	0.5596	0.2220	0.7816	0.0628	0.7188
2. Armazenamento do solo superficial					
3. Depósito de resíduos	0.5042	0.4244	0.9286	0.0733	0.8553
4. Depósito de resíduos minerais	0.1616	Nulo	0.1616		0.1616
5. Armazenamento de minerais	0.2003	Nulo	0.2003	-	0.2003
6. Estradas	0.1566	Nulo	0.1566	-	0.1566
7. Infra-estruturas	-	Nulo	Nulo		-
8. Tanque de rejeitos					
Tratamento de efluentes 9. Planta					
10. Área do município					
11. G. Dreno & S. Tanque		0.0220	0.0220		0.0220
Subtotal	**1,5823 Ha**	**0,6684 Ha**	**2,2507 Ha**	**0,1361 Ha**	**2,1146 Ha**

@ ?25000/- por Ha a garantia financeira excecional = 2,2507 Ha x 25000 = ?56268/-

5.15 Conclusão

Como se pode constatar pelos trabalhos de exploração acima referidos efectuados na mina de quartzo e feldspato de Peddamallareddy, existem nesta mina quantidades apreciáveis de reservas de quartzo (2,38,088 toneladas métricas) e de feldspato (1,19,044 toneladas métricas) de todas as qualidades. O desenvolvimento sustentável destas reservas beneficiaria a economia em grande medida. O material disponível nesta mina tem um mercado considerável nos mercados nacional e internacional e contribuiria para o desenvolvimento global da comunidade local.

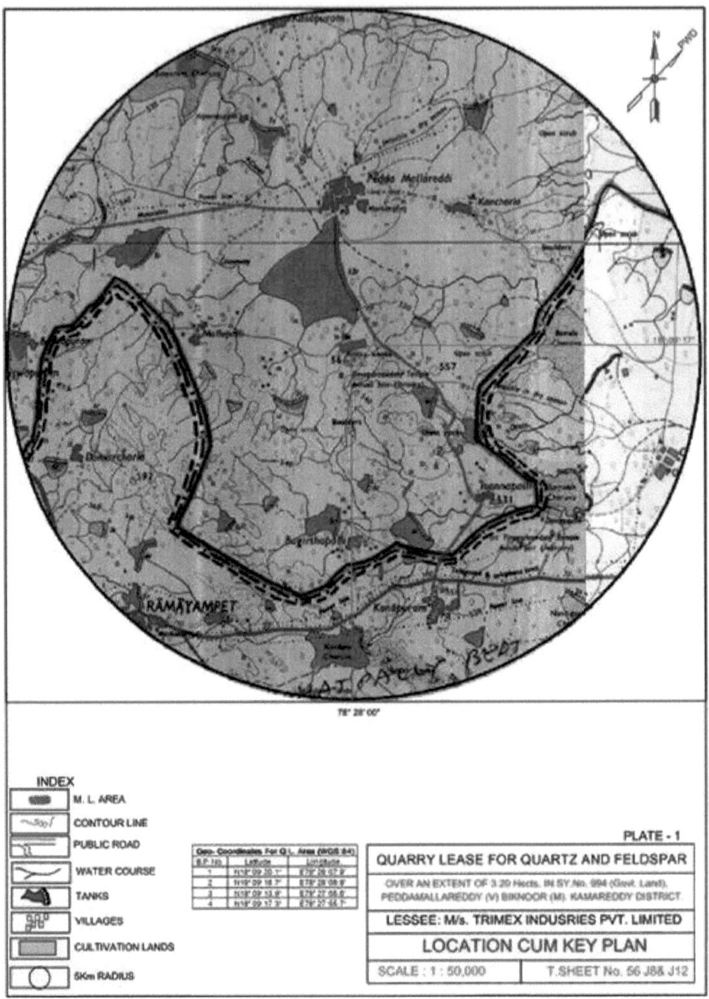

Fig. 5.5: Placa 1- Planta de localização da pedreira de Peddamallareddy

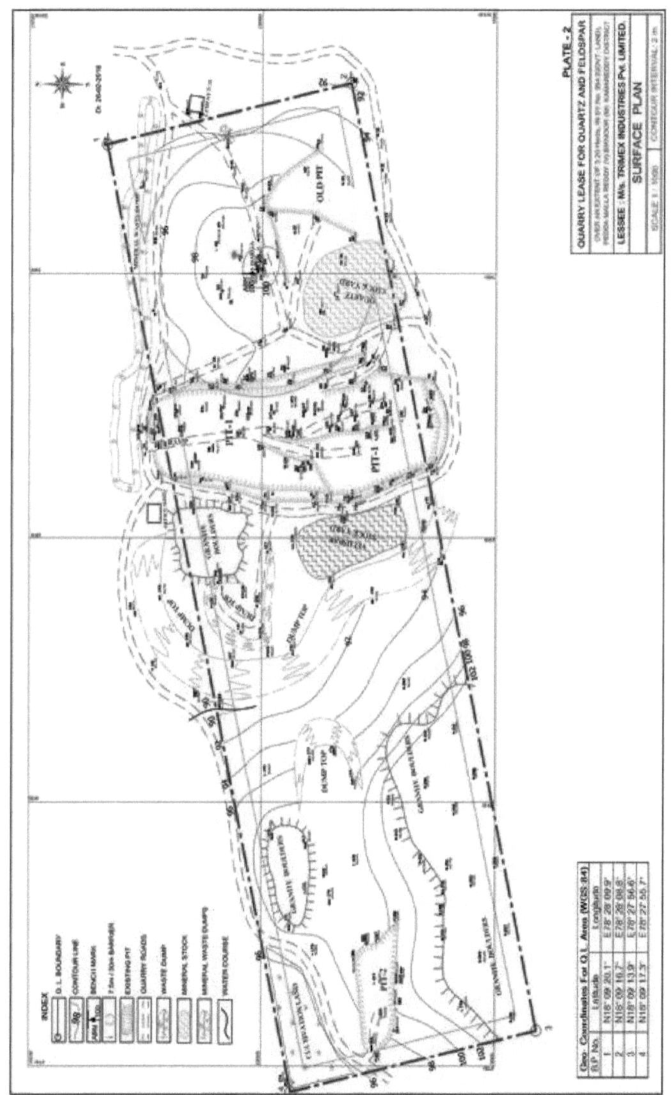

Fig. 5.6: Placa 2 - Plano de superfície da pedreira de Peddamallareddy para quartzo e feldspato

Fig 5.7: Placa 3- Plano geológico de superfície da locação da pedreira de Peddamallareddy para quartzo e feldspato

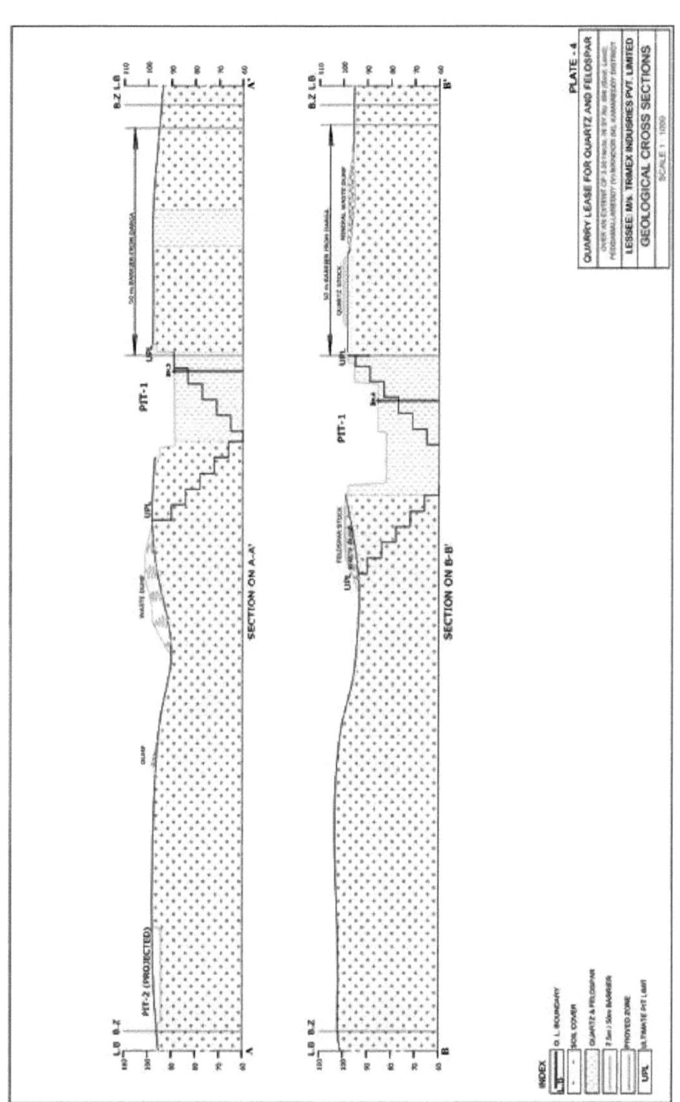
PLATE - 4
QUARRY LEASE FOR QUARTZ AND FELDSPAR
GEOLOGICAL CROSS SECTIONS
SECTION ON A-A'
SECTION ON B-B'
PIT-1
PIT-2 (PROJECTED)
INDEX

Fig. 5.8: Placa 4 - Secções geológicas da locação da pedreira de Peddamallareddy para quartzo e feldspato

Fig 5.9: Placa 5- Plano de trabalho anual e secção da locação da pedreira de Peddamallareddy para quartzo e feldspato

CAPÍTULO-VI

LATERITE

6.1 INTRODUÇÃO

O termo "laterite" foi originalmente utilizado para designar depósitos altamente ferruginosos, observados pela primeira vez na região de Malabar, na costa de Kerala, em Dakshina Kannada e noutras partes de Karnataka. O termo laterite foi cunhado por Buchanan-Hamilton. Os depósitos de laterite são formados por rochas relativamente ricas em silicatos de alumínio e pobres em ferro e quartzo livre.

A laterite é uma rocha ferruginosa residual, comummente encontrada em regiões tropicais e tem uma estreita associação genética com a "Bauxite". É um material altamente intemperizado, rico em óxidos secundários de ferro, alumínio ou ambos. É dura ou capaz de endurecer com a exposição à humidade e à secagem. A laterite e a bauxite têm tendência a ocorrer em conjunto. As laterites aluminosas e as bauxites ferruginosas são bastante comuns. A impureza mais comum em ambas é a sílica. A laterite transforma-se gradualmente em bauxite com a diminuição do óxido de ferro e o aumento do óxido de alumínio.

6.2 VARIEDADES DE LATERITE

Os depósitos de laterite podem ser descritos com base nos minerais extraíveis dominantes:

1) Laterite aluminosa (bauxite),
2) Laterite ferruginosa (minério de ferro),
3) Laterite manganiforme (minério de manganês),
4) Laterite niquelífera (minério de níquel) e
5) Laterite cromífera (minério de crómio).

A laterite com uma relação Fe2O3:Al2O3 superior a um e uma relação SiO2:Fe2O3 inferior a 1,33 é designada por laterite ferruginosa, enquanto a que tem uma relação Fe2O3:Al2O3 inferior a um e uma relação SiO2:Al2O3 inferior a 1,33 é designada por laterite aluminosa.

A laterite pode ser considerada um minério polimetálico, uma vez que não só é o repositório essencial do alumínio, mas também uma fonte de ferro, manganês, cobalto, níquel e crómio. Além disso, contém vários oligoelementos, como o gálio e o vanádio, que podem ser extraídos como subprodutos.

6.3 RECURSOS DE LATERITE NA ÍNDIA

As ocorrências de laterite estão muito disseminadas no país. Quase todos os depósitos de bauxite indianos estão associados à laterite, exceto os de Jammu e Caxemira. A laterite ocorre geralmente como cobertura nas colinas e planaltos de Madhya Pradesh e em alguns estados da península de Deccan, a altitudes que variam entre a costa e 2.000 m, com uma espessura até 60 m.

De acordo com o sistema UNFC (Classificação-Quadro das Nações Unidas) em 1.04.2013, o total de recursos de laterite é de 559 milhões de toneladas. Destes, 60 milhões de toneladas são colocados na categoria de reservas e 499 milhões de toneladas na categoria de recursos remanescentes. A maior parte dos recursos, cerca de 74%, está localizada em dois Estados, nomeadamente, Madhya Pradesh (52%) e Rajasthan (22%). Os restantes 26% dos recursos estão distribuídos pelos Estados de Telangana, Andhra Pradesh, Kerala, Gujarat, Maharashtra e Jharkhand. As reservas/recursos por grau e por Estado são apresentadas no quadro 6.1 infra

Tabela - 6.1: Reservas/Recursos de laterite em 1.4.2013 (por graus/estados) (em milhares de toneladas)

Grau/Est	Reservas	Recursos remanescentes

ado	Provado	Provável		Total	Viabilidade	Pré-viabilidade		Medido	Indicado	Inferido	Reconhecimento	Total	Total Recursos ces
	STDlll	TD1 21	DST 122	(A)	STD211	STD2 21	STD2 22	TD331	STD332	STD333	STD334	(B)	(A+B)
Toda a Índia : Total	46711	6110	7076	59897	30992	5025	20990	24	1629	229260	210859	498794	558675
Por Graus Não classificado	46710	6111	7077	59898	30992	5025	20989	24	1628	229259	210860	498777	558675
Por Estados													
Andhra Pradesh	7628		1276	9414	20579	4033	1379	24	1107	458	-	27579	36993
Gujarat	14734	-	164	14898	7239	-	16938	-	-	-	-	24176	39074
Jharkhand	-	-	-	-	-	-	-	-	-	570	-	570	570
Kerala	-	-	1430	1430	953	-	-	-	-	-	16717	17670	19100
Madhya Pradesh	348	223	899	1470	160	27	509	-	522	158910	129778	289905	291376
Maharashtra	-	-	-	-	-	-	-	-	-	4000	-	4000	4000
Odisha	-	-	-	-	-	-	-	-	-	-	1227	1227	1227
Rajastão	-	-	-	-	-	-	-	-	-	60490	62860	123350	123350
T elangana	24001	5377	3307	32685	2061	965	2164	-	-	4832	277	10299	42985

Números arredondados.

6.4 PRODUÇÃO, EXISTÊNCIAS E PREÇOS DA LATERITE - ÍNDIA

De acordo com a Notificação S.O. 423(E) do GI, datada de 10 de fevereiro de 2015, a laterite foi declarada como "Minério Menor". A produção de laterite de 4 651 mil toneladas em 2014-15 (até janeiro de 2015) aumentou 34% em comparação com a do ano anterior, devido a uma maior procura no mercado.

Em 2014-15, foram 68 as minas declarantes, contra 73 no ano anterior. Além disso, a produção de laterite foi declarada como mineral associado por 19 minas em 2014-15, contra 22 no ano anterior. Dez produtores principais foram responsáveis por cerca de 50% da produção total. Cinquenta e nove minas produtoras de laterite, incluindo 8 minas associadas, cada uma com uma produção anual superior a 10 000 toneladas, representaram 98% da produção total durante o período em análise. Foi registada uma produção nominal de minas cativas em 2014-15, bem como no ano anterior.

Tabela 6.2 : Produção de laterite por grau, 2014-15 (por sectores, estados e distritos)

(Quantidade em toneladas; valor em ' '000)

Estado / Distrito	N.º de minas	Para utilização na extração de alumina e alumínio, Produção por graus Teor de Al2O3		Para utilização em outros processos que não a extração de alumina e alumínio		Total	
		Inferior a 40%	40-45%	Cimento	Química	Quantidade	
Índia	**68(19)**	**327725**	**25579**	**4296293**	**1000**	**465**	**888225**
Setor público	2	-	-	110216	-	110216	50064
Setor privado	66(19)	327725	25579	4186077	1000	454	838161
Andhra Pradesh	**13(1)**	**236050**	-	**1524308**	-	**1760358**	**400194**
Cuddapah	(1)	-	-	56148	-	56148	8422
Godavari Oriental	12	236050	-	1460160	-	1696210	390332
Visakhapatnam	1	-	-	8000	-	8000	1440
Gujarat	**2**	-	-	**61174**	-	**61174**	**10400**
Kachchh	2	-	-	61174	-	61174	10400
Karnataka	**1**	-	-	**120200**	**1000**	**121200**	**52154**
Bel agavi	1	-	-	120200	1000	121200	52154
Kerala	**3**	-	-	**148357**	-	**148357**	**61894**
Kannur	2	-	-	44316	-	44316	13560
Kasaragod	1	-	-	104041	-	104041	48334
Madhya Pradesh	**14(18)**	**91675**	**25579**	**472581**	-	**589835**	**135172**
Jabalpur	7(8)	82440	-	335675	-	418115	101762

Katni	4(3)	-	25579	72200		97779	18436
Rewa	(2)	9165	-	8623	-	17788	3240
Satna	3(4)	-	-	56083	-	56083	11716
Shahadol	(1)	70	-	-	-	70	18
Maharashtra	**1**	-	-	**69000**	-	**69000**	**9660**
Chandrapur	1	-	-	69000	-	69000	9660
Rajastão	**1***	-	-	-	-	-	-
Chittorgarh	1*	-	-	-	-	-	-
T elangana	**33**	-	-	**1900673**	-	**1900673**	**218751**
Me dak	1	-	-	6248	-	6248	1437
Nizamabad	1	-	-	33200		33200	4022
Rangareddy	13	-	-	1116994	-	1116994	104056
Warangal	18	-	-	744231	-	744231	109236

* Produção declarada apenas de ocre.

Os números entre parêntesis indicam o número de minas associadas. (P) : Provisório, até janeiro de 2015.

Tabela - 6.3: Especificações da laterite consumida em diferentes fábricas de cimento (em percentagem)

Planta	Al_2O_3	Fe_2O_3	SiO_2
J.K. Cement Works, P.O. Gotan, Dist. Nagaur, Rajasthan.	-	>50	-
Keerthi Industries Ltd, Mellacheruvu, Dist. Nalgonda, Telangana.	25.52	31.05	30.54
Cimento Kesoram, P. O. Bas antnagar, Dist. Karimnagar, Telangana.	35-38-	-	-
A KCP Ltd, Macherla, Dist. Guntur, Andhra Pradesh.	-	45-55	-
Madras Cements Ltd- Kumarasamy, Raja Nagar Dist. Krishna, Andhra.	-	12 (máx.)	-
Maihar Cement, (Unidade -2) P.O. Sarla Nagar, Maihar, Dist Satna, Madhya Pradesh.	-	>48	<45
Malabar Cements Ltd, Walayar, Dist. Palakkad, Kerala.	38	30	10
Manikgarh Cement, Gadchandur, Dist. Chandrapur. Maharashtra.	>25	>30	-
Mancherial Cement Company (P) Ltd, Mancherial, Dist. Adilabad, Telangana.	1	32-40	16-22
Orient Cement, Devapur Cement Works, Dist. Adilabad, Telangana.	22-35	27-45	-
Panyam Cements & Mineral Industries Ltd, Cement Nagar, Dist. Kurnool, Andhra Pradesh.	-	22-45	10-14
Penna Cement Ind. Ltd Ganeshpahad, Dist. Nalgonda, Telangana.	35	30	14
Penna Cement Ind. Ltd Boyareddypalli Dist. Anantapur, Andhra Pradesh.	-	38	-
Penna Cement Ind. Ltd, Vill. Talaricheruvu, distrito de	42	25	14

Planta	Al_2O_3	Fe_2O_3	SiO_2
Rain Commodities Ltd, Ramapuram, Dist. Nalgonda, Telangana.	-	3 5 (min)	-
Sanghi Cement Sanghipuram, Kachchh, Gujarat.	15-20	18-25	25-30
Satna Cement Works, Ghurdang, Dist. Satna, Madhya Pradesh.	26	37	17
Shree Cements, Beawar, Dist. Ajmer, Rajasthan.	-	70-94	-
Ultra Tech Cement Ltd, Adityanagar, Malkhed Road, Gulbarga, Karnataka.	21	42	19
Empresa de Cimento Shri Durga Ltd, Hesla, Ramgarh Cantt; Ramgarh, Jharkhand.	36	34	6
Ultra Tech Cement Ltd, (Unit-Vikram Cement Works) Vill. Khor, Kheda Rathore, etc. Teh. Jawad, Neemuch, Madhya Pradesh.	68	58	12-14
Sri Vishnu Cement Ltd, Dondapadu, Dist. Nalgonda, Telangana.	36-42	-	18-22
Toshali Cements Pvt. Ltd, Distrito de Koraput, Ampavalli, Odisha.	10	8	10
Vikram Cement, Vikram Nagar, Khor, Dist. Neemuch, Madhya Pradesh.	-	5 8(min)	12-14
Vasavadatta Cement, Sedam, Dist. Gulbarga, Karnataka.	-	55	< 30
Zuari Cement, Krishna Nagar Dist. Cuddapah, Andhra Pradesh.	16-24	24-39	28-35
Zuari Cement Ltd, Sitapuram, P.O. Dondapadu Dist. Nalgonda.	35-42	-	20-22

Anantapur, Andhra Pradesh.			Telangana.			

Origem: Fábricas individuais.

Nota: Todas as referências ao Andhra Pradesh dizem respeito à sua situação de Estado indiviso (antes da sua bifurcação).

6.5 PRODUÇÃO DE LATERITE NA ÍNDIA

Telangana é o principal Estado na produção de laterite, contribuindo com 41% da produção total, seguido de Andhra Pradesh (38%), Madhya Pradesh (13%), Kerala (3%), Karnataka (2%) e os restantes 3% foram contribuídos por Gujarat e Maharashtra.

A análise da produção por categoria em 2014-15 revelou que a maior parte da produção foi de cimento, representando 92% da produção total durante o ano. Os restantes 8% da produção foram de graus inferiores a 40% de Al2O3 (7%) e de 40% a menos de 45% de Al2O3 (1%), registados em Andhra Pradesh e Madhya Pradesh.

Tabela - 6.4: Produção de laterita, 2012-13 a 2014-15 (por estados)

(Quantidade em toneladas; valor em L'000)

Estados	2012-13		2013-14		2014-15 (P)	
	Quantidade	Valor	Quantidade	Valor	Quantidade	Valor
Índia	**4224842**	**736542**	**3475368**	**687807**	**4650597**	**888225**
Andhra Pradesh	1661825	262353	795729	211244	1760358	400194
Gujarat	117880	12746	19050	3554	61174	10400
Karnataka	163200	58272	118500	46386	121200	52154
Kerala	97909	35219	169672	76063	148357	61894
Madhya Pradesh	614207	181855	606056	141520	589835	135172
Maharashtra	4000	552	53987	7558	69000	9660
Telangana#	1565821	185545	1712374	201482	1900673	218751

Os números mencionados em 2012-13 e 2013-14 referem-se a distritos que fazem parte dos actuais estados de Andhra Pradesh e Telangana; (P): Dados até janeiro de 2015.

6.6 LATERITE NO DISTRITO DE KAMAREDDY

Os minerais de laterite economicamente viáveis estão a ser extensivamente extraídos das aldeias de Kankal, Errapahad, Demikalan, Tadwai, Chadmal e Peddapally (**Ref. Quadro 6.5**).

Quadro 6.5: Declaração que mostra os dados relativos aos contratos de arrendamento de laterite pertencentes ao O/o Asst.Diretor of Mines & Geology, Kamareddy

SL. Não.	Nome do titular do contrato de arrendamento	Mineral	Localização			Extensão em Hectos		Data de execução
			Sy.No.	Aldeia	Mandal	Terrenos públicos	Patta. Terra	
				Laterite				
1	Smt P.Shamal Rani (Prop. de M/s.S.R Mineral)	Laterite	391&392	Kankal	Tadwai	12.148		05-01-2008 a 04-01-2028
2	M/s.Sapthagiri Mines and Minerals (Prop - Sri S.Bhasuvaraj)	Laterite	642/1	Erraphad	Tadwai	22.700		26-5-2008 a 25-05-2028
3	Srinivasa Mines & Minerals	Laterite	122	Chadmal	Gandhari	14.164		15.12.2016 a 14.12.2036
4	Srinivasa Mines & Minerals	Laterite	122	Chadmal	Gandhari	8.100		15.12.2016 a 14.12.2036
5	Sri S. Rajalaxmi (M/s.Gayatri Mines and Minerals)	Laterite	157/3	Peddapally	Bhiknoor	4.860		20-11-2003 a 19-11-2023

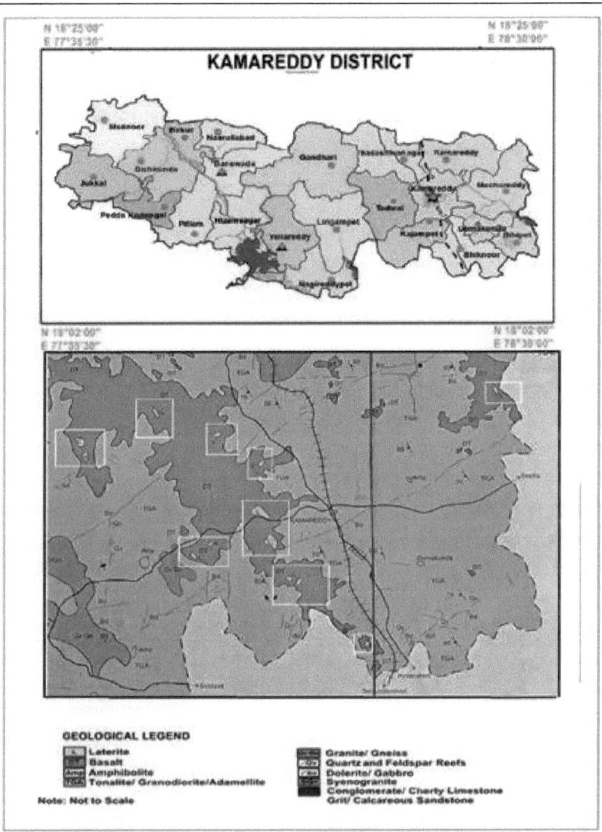

Fig 6.1 : Mapa distrital e geológico do distrito de Kamareddy com referência específica à mineralização de laterite.

6.7 Sucessão geológica do distrito de Kamareddy com referência específica à laterite

Quadro 6.6 - Sucessão geológica do distrito de Kamareddy		
ERA	**INTRUSIVOS**	**LITOLOGIA**
PLEISTOCENO		**Laterita (L)**
DO CRETÁCEO SUPERIOR AO EOCÉNICO INFERIOR	Armadilha de Deccan (DT)	Basalto
PROTEROZÓICO INFERIOR	Intrusivos Ácidos Intrusivos Básicos	Recife de Quartzo e Feldspato (QV) Dolerite/gabro (Bd)
ARQUEANO A PROTEROZÓICO INFERIOR		Tonalite/Granodiorite/ Adamellite
ARCHAEAN	Dharwar Super Group	Anfibolito
	Complexo gnáissico peninsular	Granito/Gneisse

6.8 OCORRÊNCIA GEOLÓGICA

A laterita é formada em depósitos residuais na superfície ou próximo a ela, sob condições tropicais ou semitropicais de intemperismo. Embora o alumínio seja o metal mais abundante na crosta terrestre e o terceiro elemento mais abundante, ocorre principalmente em combinações que até agora têm desafiado a extração comercial. É um constituinte importante de todas as argilas e solos e dos silicatos das rochas comuns. A laterite não é um produto da meteorização normal nas regiões temperadas. Está quase totalmente ausente dos solos aí formados. No entanto, é um constituinte dos solos lateríticos formados em regiões tropicais e subtropicais.

A laterite é um produto acumulado da meteorização peculiar de rochas de silicato de alumínio com falta de muito quartzo livre. Os silicatos são decompostos, a sílica é removida, o ferro é parcialmente removido, a água é adicionada e a alumina, juntamente com o óxido férrico, concentra-se no resíduo. Uma vez que se formaram óxidos de alumínio hidratados e não os silicatos de alumínio hidratados estáveis das argilas, isso significa que condições peculiares ao intemperismo tropical devem ter prevalecido durante a formação da laterita. As condições necessárias para os depósitos de laterita são

(1) Clima tropical ou subtropical húmido.

(2) Rochas com elevado teor de alumínio e susceptíveis de dar origem a laterite em condições de meteorização adequadas.

(3) Reagentes disponíveis, incluindo precipitação abundante, para provocar a decomposição dos silicatos e a solução da sílica em condições específicas de Ph e Eh.

(4) Superfícies que permitem a infiltração lenta e descendente de água meteórica.

(5) Condições de subsuperfície que permitem a remoção de produtos residuais dissolvidos.

6.9 ANÁLISE QUÍMICA DA LATERITE DO DISTRITO DE KAMAREDDY

Tabela 6.7: Concentração de elementos importantes do mineral de laterita (% em massa)

	21	64	15	20	83	79	40	68	73	85
SiO_2	15.91	17.70	20.29	19.54	18.68	18.56	17.40	18.08	19.57	19.47
Al_2O_3	17.27	17.50	20.91	18.06	19.30	19.41	18.54	19.30	18.13	18.09
Fe_2O_3	51.10	49.90	45.11	48.57	48.61	49.69	48.72	49.35	48.08	47.05

Nota: 21, 64, 15, 20, 83, 79, 40, 68, 73 e 85 são os números das amostras de laterite recolhidas.

6.10 VISTA DO MI NHO DE LATERITE NO DISTRITO DE KAMAREDDY

Fig 6.2: 1) View of Laterite Mine in study Area 2) View of surface terrain in Laterite Mine

Fig 6.3: 1) Vista de uma cava escavada na área de estudo. 2) Escavadora a trabalhar numa mina de laterite

6.11 MAPA GOOGLE EARTH DA MINA DE LATERITE NO DISTRITO DE KAMAREDDY

Fig 6.4: Google earth image of a working laterite mine at Demikalan village, Tadwai Mandal, Kamareddy district.The Geo coordinates are N 18°19'42.13" to N 18°20' 34.32", E 78°10'56.46" to E 78°12' 05.40", Datum- WGS-84.

6.12 DIFERENTES GRAUS DE LATERITE NO DISTRITO DE KAMAREDDY

Em geral, os depósitos de laterite podem ser classificados em diferentes graus, com base nos minerais extraíveis dominantes, como

(i) laterite aluminosa (bauxite),
(ii) laterite ferruginosa (minério de ferro),
(iii) laterite manganiforme (minério de manganês),
(iv) laterite niquelífera (minério de níquel) e
(v) laterite cromífera (minério de crómio minério).

A laterite com uma relação Fe_2O_3:Al2O3 superior a um e uma relação SiO_2:Fe2O3 inferior a 1,33 é designada por laterite ferruginosa, enquanto a que tem uma relação Fe_2O_3:Al2O3 inferior a um e uma relação SiO_2:Al2O3 inferior a 1,33 é designada por laterite aluminosa.

Como se pode ver no Quadro 6.7, a laterite disponível no distrito de Kamareddy é maioritariamente do tipo laterite ferruginosa com SiO2 na gama de 15-20%, Al2O3 entre 17-20% e Fe2O3 na gama de 45-51%.

6.13 PROCESSAMENTO

A operação da mina será efectuada através de um método simples de extração a céu aberto semi mecanizado. O material ROM (Run off Mine) extraído da laterita será transferido para o pátio de estocagem e transportado para o triturador através de estradas de transporte. A laterita dimensionada será empilhada em pilhas de estoque e segregada em diferentes graus usando peneiras de diferentes tamanhos. Os diferentes tipos de material são armazenados separadamente. Dependendo da necessidade do cliente, a laterita segregada será vendida no local das minas (Ex-Minas) ou será fornecida aos clientes na fábrica (Ex-fábrica).

6.14 POTENCIAIS COMPRADORES - CONSUMIDORES DOMÉSTICOS

O material de laterite transformado da região de Kamareddy tem mercado no sector nacional e é principalmente fornecido a fábricas de cimento próximas, nomeadamente a Orient Cement perto de Devapur, distrito de Adilabad, a Anjani Portland Cement Ltd (uma filial da Chettinad Cement Corporation Pvt. Ltd) em Anjanipuram, Malkapuram post, Mellacheruvu Mandal, distrito de Nalgonda, Balaji Cement works of Ultra tech Cement em Budawada, Jaggaiahpet Mandal, distrito de Krishna e também é fornecida a outras indústrias de cimento, tal como mencionado no quadro 6.3.

CAPÍTULO-VII

7.1 RESUMO E CONCLUSÃO

Kamareddy é um novo distrito do Estado de Telangana, criado a partir do antigo distrito de Nizamabad em 11-10-2016. O distrito de Kamareddy está localizado na região norte do estado indiano de Telangana. O distrito partilha as suas fronteiras com os distritos de Medak, Nizamabad, Sangareddy, Siddipet e Rajanna Sircilla. A circunscrição de Kamareddy está incluída na toposheet SOI n.ºs 56 J/3, J/4, J/7, J/8, J/12 e 56 F/11, F/15, F/16 e situa-se entre as longitudes E77°35'30"-78°30'00" e as latitudes N 18°02'00"- 18°25'00" (Datum-WGS-84). O distrito estende-se por uma área de 3.652,00 quilómetros quadrados (1.410,05 sq mi), o que o torna o 15º maior distrito do Estado de Telangana. Kamareddy faz fronteira com o distrito de Nizamabad a norte, com o distrito de Sircilla e com o distrito de Siddipet a leste e a sudeste, respetivamente, e a sul com o distrito de Sangareddy e com o distrito de Medak e a oeste e sudoeste com o distrito de Nanded e com o distrito de Bidar dos Estados de Maharashtra e Karnataka, respetivamente.

As ocorrências minerais registadas no distrito de Kamareddy de acordo com o GSI (Serviço Geológico da Índia) são o quartzo, o feldspato, a laterite, o minério de ferro, as argilas e o minério de manganês. Embora as ocorrências minerais supramencionadas sejam referidas no distrito de Kamareddy de acordo com o Serviço Geológico da Índia, os minerais economicamente exploráveis são o quartzo, o feldspato e a laterite, como se pode ver nos contratos de arrendamento/minas em funcionamento existentes no distrito de Kamareddy. De acordo com as informações recolhidas junto do Diretor-Adjunto de Minas e Geologia, Kamareddy, existem cerca de 11 minas de quartzo, feldspato e laterite em funcionamento em vários Mandals do distrito de Kamareddy. Para além das minas em funcionamento acima referidas, existem numerosos pedidos de arrendamento de pedreiras/locação de minas para minerais de quartzo, feldspato e laterite, o que indica uma enorme procura de minerais de quartzo, feldspato e laterite na região de Kamareddy. Várias organizações, tanto governamentais (TSMDC - Telangana State Mine Development Corporation) como privadas, como a Gimpex-Imerys Inida Private Limited, a Trimex Industries Private Limited, a Sibelco Asia Private Limited, a Ceramin Inida Pvt.Ltd (uma unidade da RAK Ceramics), etc., têm estado ativamente empenhadas na extração mineira, prospeção, exploração e prospeção de minerais de quartzo, feldspato e laterite no distrito de Kamareddy.

Os minerais de quartzo e feldspato são muito utilizados nas indústrias da cerâmica e do vidro e, em alguns casos, nas indústrias de massas de compactação e de cimento. Existem numerosas minas economicamente viáveis de quartzo, feldspato e laterite no distrito de Kamareddy. Sendo ricos em álcalis (K2O+Na2O na ordem dos 13-14%) e com uma percentagem de Fe2O3 inferior (menos de 0,10%), os minerais de quartzo e feldspato do distrito de Kamareddy estão a ser amplamente extraídos, transformados e transportados para diferentes utilizadores finais, tanto no mercado nacional como no internacional. Os consumidores nacionais incluem a RAK Ceramics, a Aparna Ceramics, a Johnson & Johnson Company, a H& R Johnson, a Sentini Ceramics e a Segno Ceramics. As indústrias de cimento de Guntur e Nalgonda e arredores adquirem laterite e feldspato de grau B em pedaços (20-100 mm) nas minas do distrito de Kamareddy.

O feldspato é utilizado na cerâmica para o fabrico de vidro e de cerâmica, tanto no corpo da peça como no esmalte. É também utilizado em esmaltes para utensílios domésticos, azulejos, louça sanitária de porcelana e outras utilizações menores da cerâmica. Algum feldspato é também um ingrediente em sabões para esfregar, abrasivos, materiais para telhados e dentes falsos. Embora o feldspato potássico e o feldspato sodado sejam as variedades comerciais de feldspato, o feldspato potássico é o feldspato dominante disponível no distrito de Kamareddy. Os feldspatos potássicos contêm sempre alguma soda proveniente da albite incluída. Os feldspatos com elevado teor de potássio, após arrefecimento da fusão, produzem um vidro sólido. O feldspato, produzido em Kamareddy Setor, é exportado em pedaços e em pó para países como o Vietname, a Indonésia, a China, o Irão, a Coreia do Sul, a Indonésia, o Bangladesh e a Turquia.

O quartzo (graus A e B) é utilizado na indústria do vidro e na indústria de ligas de ferro. O quartzo (grau C) é utilizado como massa de compactação. Recentemente, o quartzo do sector de Kamareddy tem sido muito utilizado para o fabrico de granito artificial ou de pedra de engenharia. O quartzo produzido no distrito de Kamareddy está a ser exportado em pedaços e em pó para a Malásia e alguns dos outros países do Sudeste Asiático. Os principais portos a partir dos quais se efectuam as exportações são Chennai, Krishnapatnam e Kakinada.

A laterite é sobretudo utilizada na indústria do cimento e, em menor grau, na indústria do aço e das ligas de ferro. A variedade compacta e ferruginosa da laterite é amplamente utilizada como metal para estradas e como pedra local para bueiros e edifícios. A laterite como pedra de construção tem uma vantagem: é macia quando extraída e pode ser facilmente cortada e preparada em blocos e tijolos que, quando expostos ao ar, se tornam duros. A utilização industrial da laterite é na indústria do cimento. A laterite é utilizada na indústria do cimento como aditivo, para baixar a temperatura de clinkerização e suplementar os teores de alumínio e ferro, necessários no fabrico de cimento. Também é relatado que a laterite é capaz de remover o fósforo de soluções e colunas de percolação de laterite, remover o cádmio, bem como o crómio e o chumbo para concentrações muito baixas.

7.2 CONCLUSÃO

A exploração mineira é a espinha dorsal de qualquer país em desenvolvimento económico. A exploração sustentável e judiciosa dos recursos minerais disponíveis traria grandes benefícios para a nação. A Índia tem um grande potencial para a descoberta de minerais, uma vez que a massa terrestre continental e o seu litoral são constituídos por vários elementos da crosta, que remontam a épocas longínquas. A Índia é abençoada com amplos recursos de uma série de minerais e possui o ambiente geológico para muitos outros, mas atualmente a exploração mineira representa apenas cerca de 2% do PIB. A extração e a gestão dos minerais devem ser integradas na estratégia industrial global. As importações de minerais não combustíveis da Índia são muito mais elevadas do que as exportações. Uma estratégia industrial na Índia beneficiará do facto de o país utilizar o seu potencial mineral máximo. Produzindo 95 minerais principais e secundários, incluindo 4 minerais combustíveis e 3 minerais atómicos, o sector mineiro é um segmento importante da economia da Índia. De acordo com o relatório da FICCI (Federação das Câmaras de Comércio e Indústria da Índia), cada aumento de 1% na taxa de crescimento do sector mineiro conduz a um aumento de 1,2-1,4% na taxa de crescimento da produção industrial. Os estudos do Banco Mundial sobre as actividades mineiras em todo o mundo sugerem que cada dólar que uma empresa gasta numa mina gera mais 2,80 dólares noutros sectores da economia. A Índia gasta uns escassos 0,8% do seu PIB em investigação e desenvolvimento, enquanto o Japão gasta 3,6% do seu PIB. Uma estratégia industrial na Índia beneficiará do facto de o país utilizar o seu potencial mineral máximo. É pertinente mencionar aqui que as despesas da Índia com a exploração de minerais são de apenas 17 dólares por quilómetro quadrado e este valor é insignificante, quando comparado com os 124 dólares da Austrália e os 118 dólares do Canadá. As despesas de exploração do país são quase insignificantes em comparação com outras nações, apesar de a Índia se encontrar entre os líderes em termos de repositório de minerais.

O trabalho relativo à exploração sistemática e à estimativa dos recursos de quartzo, feldspato e laterite no distrito de Kamareddy tem sido limitado. Parece haver uma grande mudança no padrão de utilização final destes minerais. O consumo de minerais de quartzo, feldspato e laterite nas indústrias da cerâmica, do granito artificial, dos semicondutores, do vidro e do cimento aumentou, devido ao aumento da procura de azulejos, granito artificial, painéis solares e cimento, tanto nos mercados nacionais como internacionais. A plausibilidade de diversas aplicações da laterite no futuro poderá estar no facto de esta se tornar uma fonte viável de minerais metálicos como o ferro, o alumínio, a cromite e de oligoelementos como o gálio e o vanádio. Embora existam vários indicadores para a localização de minerais de quartzo e feldspato, incluindo guias geobotânicos, os estudos revelam que o indicador mais proeminente é a ocorrência de diques básicos (intrusivos) na vizinhança de todas as minas de quartzo e feldspato viáveis, actuando assim como guias geológicos para a identificação de novas minas de quartzo e feldspato no distrito de Kamareddy. Do mesmo modo, as armadilhas de Deccan, do Cretáceo Superior ao Eoceno Inferior, funcionam como fontes favoráveis para a identificação de novos depósitos de laterite viáveis. Um estudo aprofundado dos factores combinados acima referidos orienta-nos na identificação e exploração de novos depósitos de quartzo, feldspato e laterite no distrito de Kamareddy.

O presente tema de investigação "**EXPLORAÇÃO E DESENVOLVIMENTO DE RECURSOS MINERAIS NO DISTRITO DE KAMARAEDDY, ESTADO DE TELANGANA, SUL DA ÍNDIA**", constituiu a base para compreender a ocorrência, o comportamento, a situação no terreno, a viabilidade económica e o potencial de mercado de vários recursos minerais no distrito de Kamareddy, cujos pormenores são enumerados a seguir.

- Predominantemente, 3 minerais, nomeadamente o quartzo, o feldspato e a laterite, são extensivamente extraídos do distrito de Kamareddy.
- O quartzo que ocorre no distrito de kamareddy tem SiO_2 entre 99-98% e tem um aspeto leitoso e semi-vidro. O quartzo extraído do distrito de Kamareddy divide-se em grau A, grau B e grau C, consoante a percentagem de SiO_2, a percentagem de Fe2O3 e o aspeto físico.
- O feldspato disponível no distrito de Kamareddy é maioritariamente feldspato potássico. O material de feldspato de potássio, extraído da região de Kamareddy, está dividido em 3 categorias, consoante as percentagens de K_2O, Na_2O, Fe2O3 , o valor L (Luminância/Brilho), a fusão, a vitrificação e a presença de pontos negros.
- A laterite disponível no distrito de Kamareddy é maioritariamente do tipo laterite ferruginosa, com SiO2 na ordem dos 15-20%, Al2O3 entre 17-20% e Fe2O3 na ordem dos 45-51%.
- Embora existam vários indicadores para a identificação de depósitos de quartzo e feldspato, os diques básicos actuam como indicadores para a identificação de depósitos viáveis de quartzo e feldspato.
- Para conhecer a qualidade, o grau e a persistência em profundidade dos depósitos de quartzo e feldspato no distrito de Kamareddy, foi efectuada uma exploração numa mina em funcionamento e o depósito foi avaliado em termos de qualidade, quantidade e grau.
- Os depósitos de laterite foram estudados no que respeita à sua ocorrência, qualidade, mercado e outros parâmetros.

- Do mesmo modo, a potencialidade do mercado, os compradores - nacionais e internacionais e outros factores foram amplamente estudados para todos os minerais acima referidos no distrito de Kamreddy.
- Os minerais de quartzo e feldspato têm uma utilização extensiva nas indústrias de cerâmica e vidro e, em certa medida, como material de enchimento e extensor em tintas, plásticos e borracha, sendo também utilizados nas indústrias de massa de compactação e de cimento. A utilização industrial da laterite é na indústria do cimento. A laterite é utilizada na indústria do cimento como aditivo, para baixar a temperatura de clinkerização e suplementar os teores de alumínio e ferro, necessários no fabrico de cimento.
- Os consumidores nacionais de quartzo e feldspato incluem a RAK Ceramics, a Aparna Ceramics, a Johnson & Johnson Company, a H&R Johnson, a Sentini Ceramics e a Segno Ceramics. O quartzo e o feldspato, produzidos no sector de Kamareddy, são exportados em pedaços e em pó para países como o Vietname, a Indonésia, a China, o Irão, a Coreia do Sul, a Indonésia, o Bangladesh e a Turquia.
- Do mesmo modo, a laterite produzida no distrito de Kamareddy tem mercado no sector doméstico e é principalmente fornecida a fábricas de cimento próximas, nomeadamente a Orient Cement, perto de Devapur, distrito de Adilabad, a Anjani Portland Cement Ltd (uma filial da Chettinad Cement Corporation Pvt. Ltd) em Anjanipuram, posto de Malkapuram, Mellacheruvu Mandal, distrito de Nalgonda, a Balaji Cement Works of Ultra tech Cement em Budawada, Jaggaiahpet Mandal, distrito de Krishna.

BIBLIOGRAFIA

[1] Anthony, John W, Bideaux, Richard A, Bladh, Kenneth W, Nichols, Monte C. (eds.). "Quartzo". Handbook of Mineralogy (PDF) III (Halides, Hydroxides, Oxides). Chantilly, VA, EUA: Mineralogical Society of America ISBN 0962209724.

[2] Apodaca, Lori E. Feldspar and Nepheline syenite, USGS 2008 Minerals Yearbook.

[3] Blatt, Harvey e Tracy, Robert J. (1996) Petrology, Freeman, 2ª ed., pp. 206-210 ISBN 07167-2438-3

[4] Quartzo azul, Mindat.org.

[5] Cady, W. G. (1921). "O ressonador piezoelétrico". Revisão Física. 17: 531-533.doi: 10 .1103 / Phys Rev.17.508.

[6] Série Celsiano-Hialofano em Mindat.org.

[7] Série Celsiano-ortoclase em Mindat.org.

[8] Cerny, P., Ercit, T.S., 2005: A classificação dos pegmatitos graníticos revisitada. Canadian Mineralogist 43, 2005-2026.

[9] Citrino. Mindat.org (2013-03-01). Recuperado em 2013-03-07.

[10] Dados Cristalinos, Tabelas Determinativas, ACA Monograph No. 5, American Crystallographic Association, 1963.

[11] Curie, Jacques; Curie, Pierre (1880) "On electric polarization in hemihedral crystals with inclined faces" Comptes rendus. 91: 383-386.

[12] Dash.C.R e Jamwal. C.S., 1986. Mapeamento Geológico Sistemático em partes dos Distritos de Medak e Nizamabad, Andhra Pradesh. (Relatório de progresso não publicado do GSI).

[13] Dash.C.R e Thiruvengadam,1987. Mapeamento Geológico Sistemático em partes do Distrito de Nizamabad, Andhra Pradesh. (Relatório de progresso não publicado do GSI).

[14] Deer, W. A., R. A. Howie e J. Zussman, An Introduction to the Rock Forming Minerals, Logman, 1966, pp. 340-355 ISBN 0-582-44210-9

[15] District Resource Map of Nizamabad District, Andhra Pradesh State, 2001, publicado pelo Geological Survey of India, Calcutá, sob a direção de K. Krishnanunni, Diretor-Geral e compilado por K. V. Ramanaidu, Geólogo (Sr.) e K. Mahender Reddy, Geólogo (Sr.) sob a supervisão do Sr. Ajitkumar, Diretor e sob a orientação do Dr. K. S. Rao, Diretor-Geral Adjunto, OP A.P.

[16] Driscoll, Killian. 2010. Compreender a tecnologia do quartzo na Irlanda pré-histórica.

[17] Feldspato, Gemologia Online. Recuperado em 8 de novembro de 2012. *Enciclopédia Britânica, Inc.*

[18] Feldspato, USGS Mineral Commodity Summaries 2011.

[19] Feldspato. O que é feldspato? Associação dos Minerais Industriais. Recuperado em 18 de julho de 2007.

[20] Geological Association of Canada, Short Course Handbook 17, 127-158.

[21] Guilbert, J.M., Park, C.F., Jr., 1986: The Geology of Ore Deposits. Páginas 486-506.

[22] Geologia e recursos minerais de Telangana (ISSN 0579-4706), Publicação diversa n.º 30, Parte VIII A, Primeira edição, 2015.

[23] Geonesis, actualizações sobre minas e exploração na Índia, Volume 6, Número 9 - agosto de 2019.

[24] Hale, D. R. (1948). "O cultivo de quartzo em laboratório". Science. 107 (2781): 393-394. doi:10 1126 / science.107.2781.393.

[25] Harper, Douglas. "feldspato". Dicionário de Etimologia Online. Recuperado em 2008-02-08.

[26] Heaney, Peter J. (1994), "Structure and Chemistry of the low-pressure silica polymorphs", Reviews in Mineralogy and Geochemistry, 29 (1):1-40.

[27] Hurlbut, Cornelius S.; Klein, Cornelis (1985). Manual of Mineralogy (20 ed.), ISBN 0-47180580-7.

[28] Indian Minerals Year Book, 2015 (Part III-Mineral Reviews), 54th Edition from Indian Bureau of Mines, publicado em novembro de 2016.

[29] Khurshid Mirzha, 1943. A brief outline of the Geological History of Hyderabad State with special reference to its Mineral Resources, Hyd.Geol.Survey,Bull.2pp.69.

[30] Londres, D., 2008: Pegmatites. The Canadian Mineralogist, Publicação Especial 10.

[31] Rochas metamórficas, Informações sobre rochas metamórficas Arquivado 01/07/2007 no Máquina Wayback.Recuperado em 18 de julho de 2007.

[32] Feldspato Microclina, Feldspato Ametista Galerias, Inc. Recuperado em 8 de fevereiro de 2008.

[33] Mineral Atlas Archived 4 September 2007 at the Wayback Machine, Universidade de Tecnologia de Queensland. Mineralatlas.com. Recuperado em 2013-03-07.

[34] Publicação diversa de Andhra Pradesh (Estado não dividido) n.º 30. Parte VIII, Inspeção Geológica da Índia (I edição-1975; II edição-2006).

[35] Nacken, R.(1950) "Hydrothermal synthesis as a basis for the production of quartz crystals", Chemiker Zeitung, 74: 745-749.

[36] Nelson, Stephen A. (outono de 2008), "Intemperismo e Minerais de Argila". Notas de aula do professor (EENS 211, Mineralogia). Universidade de Tulane. Recuperado em 2008-11-13.

[37] Pratap Reddy.G e RamaNaidu, 1986-87, Systematic Geological Mapping in parts of Nizamabad and Karimnagar Districts, Andhra Pradesh (GSI unpublished progress report).

[38] Pierce, G. W. (1923). "Ressonadores de cristal piezoelétrico e osciladores de cristal aplicados à calibração de precisão de medidores de ondas". Actas da Academia Americana de Artes e Ciências. 59 (4): 81-106. doi:10.2307/20026061. JSTOR 20026061.

[39] Pierce, George W. "Electrical system," U.S. Patent 2,133,642, depositado: 25 de fevereiro de 1924; emitido: 18 de outubro de 1938.

[40]Informações sobre pedras preciosas e jóias de quartzo, National Quartz-Gemselect, www.com. Recuperado em 2017-08-29.

[41] Quartzo: A pedra preciosa Quartzo informações e imagens, www.minerals.net. Recuperado em 2017-0829.

[42] Ralph, Jolyon e Chou, Ida. "Perthite". Perfil de Perthite em mindat.org. Recuperado em 8 de fevereiro de 2008.

[43] Rickwood, P. C. (1981). "Os maiores cristais" (PDF), American Mineralogist. 66: 885-907 (903).

[44] Quartzo Rosa. Mindat.org (2013-02-18), Recuperado em 2013-03-07.

[45] Feldspato Sanidina, Feldspato Ametista Galerias, Inc. Recuperado em 8 de fevereiro de 2008.

[46] Sarvothaman.H e Ganesan.V, 1984.Systematic Geological Mapping in parts of Medak District, Andhra Pradesh. (Relatório de progresso não publicado do GSI).

[47] Sarvothaman.H, Ganesan.V e Chandrasekharaiah.K.C,1985.Systematic Geological Mapping in parts of Medak District, Andhra Pradesh. (Relatório de progresso não publicado

do GSI).
[48] Selway, J.B., Breaks, F.W., Tindle, A.G., 2005: A Review of Rare-Element (Li-Cs-Ta) Pegmatite Exploration Techniques for the Superior Province, Canada, and Large Worldwide Tantalum Deposits. Exploration and Mining Geology 14, 1-30.
[49] Spar, Oxford English Dictionary. Dicionários de Oxford. Recuperado em 13 de janeiro de 2018.
[50] Srinivasan. K.N e Jamwal.C.S.,1987.Systematic Geological Mapping in parts of Nizamabad District, Andhra Pradesh. (Relatório de progresso não publicado pelo GSI).
[51]Survey of India, Toposheet No.56 J in Scale, 1:2,50,000 (covering the Administrative boundaries of erstwhile Adilabad, Karimnagar, Warangal, Medak and Nizamabad), First Edition, Published in 1971, under the direction of Brigadier, J.S.Panital, M.I.S., M.I.E., Surveyor General of India.
[52] Survey of India, Toposheet No.56 J/8 in Scale 1:50,000 (covering the Administrative boundaries of erstwhile Medak and Nizamabad), First Edition, Published in 1983, under the direction of Major General Girish Chandra Agarwal, Surveyor General of India.
[53] Survey of India, Toposheet No.56 J/8/NE in Scale 1:25,000 (covering the Administrative boundaries of erstwhile Medak and Nizamabad), First Edition, Publicado em 1979, sob a direção do Major-General Kishori LalKhosla, Surveyor General of India.
[54] A pedra preciosa Dumortierite, Minerals.net. Recuperado em 23 de abril de 2017.
[55] O Mineral Ortoclásio, Feldspato Ametista Galerias, Inc. Recuperado em 8 de fevereiro de 2008.
[56] Tomkeieff, S.I. (1942), "On the origin of the name 'quartz'" (PDF), Mineralogical Magazine. 26: 172-178.doi:10.1180/minmag.1942.026.176.04.
[57] Intemperismo e rochas sedimentares, Geologia, Arquivado 21/07/2007 no sítio Web Recuperado em 18 de julho de 2007.
[58] Venugopal Rao.Ch, 1986, A Report on the Palaeontological Studies on the Inter-Trappean Sediments from Medak and Nizamabad districts, of Andhra Pradesh. (Relatório de progresso não publicado do GSI, 1984-85).
[59] Venugopal Rao, Ch, 1986, A Report on the Palaeontological Studies on the Inter-Trappean Sediments from Medak and Nizamabad districts, of Andhra Pradesh. (Relatório de progresso não publicado do GSI, 1985-86).

Printed by Books on Demand GmbH, Norderstedt / Germany